内蒙古草原植物引种栽培经验

王慧敏　主编

U0257702

中国农业出版社

北　京

《内蒙古草原植物引种栽培经验》编委会

主　编：王慧敏

副主编：孙海莲　邱　晓

参　编：（按姓氏笔画排序）

王　洋　云首荣　木　兰

乌日勒格　石　磊　卢旭东

伊风艳　刘　文　刘亚红

李翀鹏　张雅茹　宝音贺希格

郭艳玲　维　拉　温素英

谢　宇　翟　琇

前　言

　　内蒙古草原是欧亚大陆草原的重要组成部分，天然草原面积 13.2 亿亩，草原面积占全国草原总面积的 22%，自东向西依次分布着温性草甸草原、温性草原、温性荒漠草原、温性草原化荒漠和温性荒漠 5 个地带性草原类型，植物种类丰富，据 20 世纪 80 年代草地调查数据显示，全区有维管植物 2 167 种，它们分属于禾本科、菊科、豆科、藜科、蔷薇科、莎草科、蓼科、十字花科、百合科、杨柳科等科属。本书编委会立足于内蒙古草原，长期从事草原植物资源引种选育及开发利用方面的研究，随着社会需求的增加，研究范围由牧草扩大到生态用草、景观用草、药用植物、野生蔬菜、蜜源植物等，开发利用的广度和深度不断增加。

　　每一种植物具有其植物学特性、生物学特性、生态学特性、生理学特性和遗传学特性等，都具有其独特的特点。多年来，在引种选育开发过程中，编委会成员系统地记录了常见的 50 余种草原植物的生长情况，总结了各自的栽培方式。多年的观测记录发掘了它们的独特属性，这些独特属性都在讲述着不同的故事。本书通过文字的方式对植物进行了详细的描述，旨在让读者了解草原植物，同时提供栽培经验技术，为相关从业者及植物爱好者提供参考。编委会的目标是编写一本既具有科学性，又具有科普价值的草原植物书。

本书依据草原常见植物的不同特性将 50 余种植物分为：种子会飞的植物、蜇人的植物、具有诱人芬芳的植物、艳丽的植物、低调的实用者、美味的野菜、治病救人的植物 7 个大类，每种植物从植物学及生物学特性、分布、各地的用法、栽培经验 4 个部分来撰写。

本书在内蒙古自治区科技计划项目"内蒙古阴山北麓重要野生耐旱植物资源引种鉴选与生态产品开发应用"、内蒙古自治区关键技术攻关项目"荒漠草原区发展生态草牧业关键技术集成与示范"、院区合作项目"内蒙古中西部生态草牧业科技示范"、内蒙古自治区重大专项"现代牧区草地高效生产与家畜优化利用技术研发与示范"等项目资助下完成。

本书是编者们多年工作的积累，其完成有赖于团队成员的辛勤耕耘。概论由王慧敏执笔，各论的第一部分由宝音贺希格、谢宇和云首荣执笔，第二部分由邱晓和卢旭东执笔，第三部分由刘亚红、乌日勒格和张雅茹执笔，第四部分由王洋、维拉和李翀鹏执笔，第五部分由孙海莲和郭艳玲执笔，第六部分由伊风艳、石磊和温素英执笔，第七部分由王慧敏和木兰执笔；由刘文和翟琇负责最后定稿。因编者水平有限，书中不妥之处在所难免，恳请读者和同行们批评指正。

编　者

2020 年 5 月

目　　录

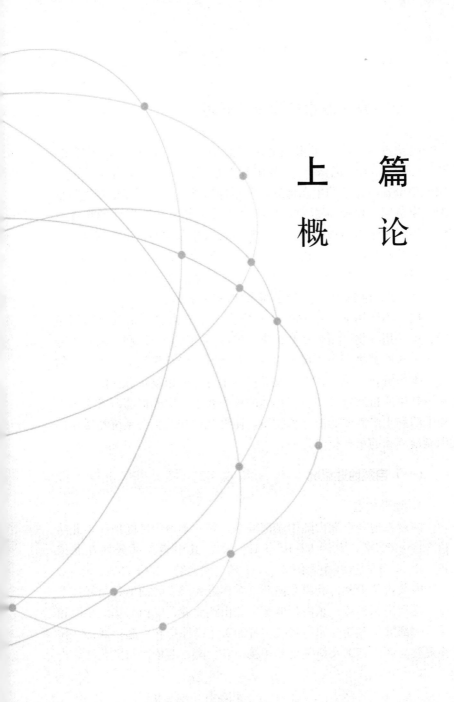

上　篇

概　论

一、内蒙古草原植物资源概述

内蒙古自治区位于祖国北疆，面积约 118.3 万千米²，其中，草原面积达 11.6 亿亩①，为我国五大牧区之一。内蒙古所处的特殊地理位置与复杂的生态地理环境条件形成了具有明显地带性特征的荒漠草原、典型草原和森林草原植被及各类非地带性的湿地草甸、沼泽和水生植被的多样植被类型，这些多样的植被类型孕育了丰富的植物资源。据《内蒙古植物志》统计，全区有野生维管植物 2 619 种，另有栽培植物 178 种，其中，天然牧草资源约占三分之一，为草原畜牧业生产提供了得天独厚的条件。

按照不同用途，内蒙古草原植物还可分为食用植物、药用植物、工业用植物、园林观赏植物、蜜源植物等，开发利用前景十分广阔。这些植物资源不仅为内蒙古自治区的经济建设提供了宝贵的第一生产资料，也为畜牧业发展提供了可靠的植物资源保障。植物资源是草原自然资源和生态环境的核心要素，它不仅蕴藏着满足人类生活和生产需要的能量和物质，还是维护陆地生态系统物质循环和能量流动的重要枢纽之一。

（一）自然地理概况

1. 地理位置

内蒙古地处亚洲大陆中东部偏东，属北半球中纬度地区，北纬 37°30′～53°20′，东经 97°10′～126°02′，其中绝大部分处在北纬 40°～50°，东西直线距离约 3 000 千米，南北跨度约 1 700 千米。

内蒙古位于蒙古高原东南部。东部是大兴安岭山地，与嫩江平原、辽河平原相接；东南延伸至冀北山地北麓，隔山与华北平原相望；南部鄂尔多斯高原与晋陕宁甘的黄土高原连在一起；西部阿拉善荒漠与河西走廊及新疆荒漠相接。东、南、西依次与黑龙江、吉

---

① 亩为非法定计量单位，1 亩＝1/15 公顷，下同。——编者注

林、辽宁、河北、山西、陕西、宁夏和甘肃8省区毗邻，跨越"三北"中部，靠近京津；北部与蒙古国和俄罗斯接壤，国境线长4 221千米。

2. 地貌条件

大兴安岭和阴山山脉分别贯穿于内蒙古东部与中部，形成了蒙古高原东南侧的弧形脊梁，它们是亚洲中部内陆流域和太平洋流域的基本分水界。山系以北是开阔坦荡的内蒙古高原，其海拔700～1 400米，地势由南向北、从西向东逐渐倾斜下降。

蒙古高原是一个四面远离海洋、边缘有山地环绕的典型内陆地区。内蒙古东部与南部属于太平洋流域，但是由于它的地理位置和外缘山地的屏障作用，故而也具有内陆腹地的自然特征。内蒙古以东有小兴安岭与长白山的阻挡，东南面有燕山山地而与沿海地区相隔，由此往西受太行山脉与吕梁山脉影响，西南部被祁连山脉及青藏高原所阻隔，故而极大地削弱了海洋季风对内蒙古的影响，使得内蒙古由东向西从中温带湿润区、半湿润区过渡到半干旱区、干旱区以至极干旱区，并相应地发育了寒温性针叶林植被、温带夏绿阔叶林植被、温带草原植被和温带荒漠植被，多样的植被类型孕育了丰富的植物资源。

3. 气候条件

内蒙古处于亚洲中纬度内陆地区，气候具有温带大陆性气候的特点。全区受蒙古高压的控制，从大陆中心向沿海移动的寒潮极为盛行，冬季漫长；夏季一定程度上受东南海洋湿热气团的影响，由于山脉的阻挡，海洋季风的影响由东南向西北逐渐削弱。在陆海分布和地形条件的影响下，内蒙古各项气候因素呈弧形气候带的特点。

内蒙古气温的特点是冬季漫长、夏季短暂、春温骤升、秋温剧降。热量分布从东北向西南逐渐递增，南部边缘和西部地区热量指标接近暖温带，最北部大兴安岭地区及呼伦贝尔市的年平均温度多低于0℃，≥10℃的积温为1 500～1 800℃。日照丰富，各地全年日照总时数为2 500～3 400小时，日照率为55%～78%，是我国日照最丰富的地区之一。降水多集中于夏季，其分布从东南向西北逐步减少，大兴安岭北部及其东麓年降水量在 400～500 毫米，而阿拉善地区只有几十毫米到 150 毫米，蒸发量由东向西逐渐递增，一般蒸发量高于降水量 3～5 倍。多风也是内蒙古气候的重要特点，尤其冬、春季节，大风尤为频繁，大部分地区年平均风速在 3 米/秒以上。

4. 土壤条件

内蒙古在生物气候条件影响下形成了比较复杂的地带性土壤类型，其中主要有黑土、黑钙土、栗钙土、棕钙土、灰钙土、黑垆土、灰漠土、灰棕荒漠土、褐土以及山地上发育的灰白色森林土、灰色森林土、灰棕壤、棕壤和灰褐土等，地带性土壤是各类草原植物生长的重要生态条件。此外，还有草甸土、沼泽土、盐土、沙土等，它们是内蒙古各地带内常遇到的隐域性土壤。由草原区往西进入荒漠区范围，地带性草原土壤逐渐消失，荒漠土壤成为土被组合的主要类型。

（二）野生植物资源

1. 植被类型及分布

内蒙古地带性植被的主要类型是温带草原植被和温带荒漠植被。在山地、沙地、低湿地、盐渍地等隐域性生态环境中也分别有森林、灌丛、沼泽、草甸、盐生等群落类型，构成错综复杂的植被组合。

（1）温带草原植被

温带草原植被是由耐冬寒的旱生性多年生草本植物建群的植物群落，其植物种类以地面芽植物和地下芽植物为主，包括根状茎型禾草、丛生型禾草、鳞茎型草类、薹草及轴根型草类等，是适应冬寒与干旱条件的生活型植物。按照植物区系组成的生态学分析，可以划分为草甸草原、典型草原和荒漠草原。

草甸草原：在温凉半湿润的气候条件下，中旱生草类为优势成分的草原植物群落称为草甸草原。草甸草原集中分布在大兴安岭山麓及阴山山地，其主要群落类型有贝加尔针茅草原、羊草草原、线叶菊草原等。最有代表性的建群植物、优势植物、特征种有贝加尔针茅（*Stipa baicalensis*）、羊草（*Leymus chinensis*）、线叶菊（*Filifolium sibiricum*）、羽茅（*Achnatherum sibiricum*）、无芒雀麦（*Bromus inermis*）、冰草（*Agropyron cristatum*）、脚薹草（*Carex pediformis*）、小黄花菜（*Hemerocallis minor*）、射干鸢尾（*Iris dichotoma*）、野火球（*Trifolium lupinaster*）、蓬子菜（*Galium verum*）、裂叶蒿（*Artemisia tanacetifolia*）。

典型草原：由典型旱生性多年生草本植物组成的草原植被称为典型草原。典型草原广泛分布在内蒙古高原的呼伦贝尔高原、锡林郭勒高原、阴山南麓及鄂尔多斯高原东部，构成了典型草原区主体地带，其主要群落类型有大针茅草原、克氏针茅草原、本氏针茅草原、羊草+针茅草原、冰草草原、冷蒿草原、百里香草原等。其植物区系组成中，禾本科植物与蒿类植物占优势，最有代表性的建群种与特征种是大针茅（*Stipa grandis*）、克氏针茅（*Stipa krylovii*）、洽草（*Koeleria macrantha*）、冰草、糙隐子草（*Cleistogenes squarrosa*）、黄囊薹草（*Carex korshinskyi*）、寸草薹（*Carex duriusula*）、双齿葱/砂韭（*Allium bidentatum*）、山葱/山韭（*Allium senescens*）、小叶锦鸡儿（*Caragana microphylla*）、草木犀状黄芪（*Astragalus melilotoides*）、扁蓿豆（*Meliotoides ruthenica*）、达乌里胡枝子（*Lespedeza davurica*）、冷蒿（*Artemisia frigida*）、变蒿（*Artemisia commutata*）、麻花头（*Klasea centauroides*）。

荒漠草原：荒漠草原是由旱生性更强的多年生矮小草本植物组成的半郁闭草原植被，植被组合较单一，生物多样性不高。荒漠草原主要集中分布于阴山山脉以北的乌兰察布高原及西鄂尔多斯地区，并延伸到贺兰山东麓，其主要群落类型有小针茅草原、短花针茅草原、沙生针茅草原、多根葱草原、戈壁针茅草原、蓍状亚菊草原。特征植物种有小针茅/石生针茅（*Stipa tianschanica* var. *klemenzii*）、沙生针茅（*Stipa caucasica* subsp. *glareosa*）、戈壁针茅（*Stipa tianschanica* var. *gobica*）、短花针茅（*Stipa breviflo-*

ra）、无芒隐子草（*Cleistogenes songorica*）、多根葱/碱韭（*Allium polyrhizum*）、狭叶锦鸡儿（*Caragana stenophylla*）、冬青叶兔唇花（*Lagochilus ilicifolius*）、拐轴鸦葱（*Scorzonera divaricata*）、蓍状亚菊（*Ajania achilleoides*）等。

（2）温带荒漠植被

荒漠植被由适应干旱与冬寒气候的超级旱生植物建群，以矮化的木本、半木本或肉质化植物为主，形成稀疏的植物群落。其生活型的特点是植物根系发达，深度与广度常超过地上部分若干倍；植物枝条硬化或刺化，退化叶、硬叶、小叶、刺叶、肉质叶、异形叶等都很普遍。按照建群植物与优势植物生活型的不同，荒漠植被可以分为灌木荒漠、半灌木荒漠与小半乔木荒漠。

灌木荒漠：灌木荒漠类型多样，分布广泛，根据建群种的生态特性可分为泌盐小灌木荒漠、具刺灌木荒漠、旱生叶小灌木荒漠、肉质叶灌木荒漠、常绿叶灌木荒漠。主要建群种有红砂（*Reaumuria soongarica*）、绵刺（*Potaninia mongolica*）、毛刺锦鸡儿（*Caragana tibetica*）、柠条锦鸡儿（*Caragana korshinskii*）、霸王（*Sarcozygium xanthoxylon*）、四合木（*Tetraena mongolica*）、泡泡刺（*Nitraria sphaerocarpa*）、白刺（*Nitraria roborowskii*）、松叶猪毛菜（*Salsola laricifolia*）、膜果麻黄（*Ephedra przewalskii*）、沙冬青（*Ammopiptanthus mongolicus*）等。

半灌木荒漠：半灌木荒漠广泛分布于内蒙古荒漠区，可分为肉质叶半灌木荒漠、旱生叶半灌木荒漠、退化叶半灌木荒漠等。主要建群种有珍珠柴/珍珠猪毛菜（*Salsola passerina*）、蒿叶猪毛菜（*Salsola abrotanoides*）、短叶假木贼（*Anabasis brevifolia*）、驼绒藜（*Krascheninnikovia ceratoides*）、沙拐枣（*Calligonum mongolicum*）等。

小半乔木荒漠：小半乔木荒漠只有梭梭荒漠，在阿拉善有较广泛集中的分布。

（3）山地森林、灌丛、草甸植被

山地植被不是单一的植被类型，而是由不同植被类型组合而成的植被复合系列。主要植被类型是针叶林、夏绿阔叶林、灌丛、山地草甸、山地草原及山地荒漠、河谷林、河谷灌丛、河滩草甸及沼泽。

（4）低湿地草甸、草本沼泽、灌丛、河滩林与盐生植被

在河谷滩地、湖盆低地、丘间洼地与风蚀洼地等隐域性生境中形成的由中生植物、湿生植物或盐生植物所组成的植被类型。

2. 植物分类群的多样性

由《内蒙古植物志》统计数据可知，内蒙古有野生维管植物（种子植物、蕨类植物）2 619 种，其中种子植物 2 551 种、蕨类植物 68 种，这些植物分属于 144 科 737 属。按照王利松等人 2015 年对全国高等植物的统计，内蒙古维管植物科占全国维管植物总科数（303）的 47.52%，属占全国维管植物总属数（3 216）的 22.92%，而种数只占全国总种数（32 067）的 8.17%。

（1）植物科的多样性

内蒙古种子植物科的数量较多，有 127 科，占本区维管植物科（144）的 88.2%，构成内蒙古植物区系的主体成分。按照各科所包含的种数来分析，含有 200 种以上的大科只有菊科、禾本科，含有 101~200 种的科有 4 科，含有 51~100 种的科有 8 科，以上总计 14 科 1 768 种（表 1），占维管植物总种数（2 619）的 67.51%，而科数只占总科数（144）的 9.72%。这 14 个科不仅含有内蒙古大部分植物种，还包含了一些大属，如薹草属（*Carex*）、蒿属（*Artemisia*）、蓼属（*Polygonum*）、黄芪属（*Astragalus*）、柳属（*Salix*）、风毛菊属（*Saussurea*）、委陵菜属（*Potentilla*）、棘豆属（*Oxytropis*）、葱属（*Allium*）、针茅属（*Stipa*）、锦鸡儿属（*Caragana*）、绣线菊属（*Spiraea*）等。这些大科大属包含了许多在内蒙古植被组成中具有重要作用的植物种。

内蒙古只含有 1 种的科共 35 科，其中种子植物 30 科，蕨类植物 5 科；只含有 2~3 种的有 34 科，其中种子植物 30 科，蕨类植物 4 科；这些只含有 1~3 种的科占维管植物总科数（144）的 47.92%；所含有的种数为 115 种，只占维管植物种数（2 619）

的 4.39%。

（2）植物属的多样性

内蒙古的维管植物共有 737 属，其中种子植物有 707 属。植物种数最多的属是薹草属（100 种），其次是蒿属（73 种）和黄芪属（52 种），含 31~40 种的属有 5 个，含 21~30 种的属有 8 个，含 11~20 种的属有 25 个（表 2）。

其中，16 种及以上的属有 21 属，所含种总计 694 种，分别占种子植物总属数与总种数的 2.97%、27.21%；15 种及以下的属有 686 属，含有种总计 1 857 种，分别占种子植物总属数与总种数的 97.03% 及 72.79%。

表 1　内蒙古种子植物主要科的数量

植物	属数	属数占全区的比例（%）	种数	种数占全区的比例（%）
全部	737	100.00	2 619	100.00
1. 菊科	88	11.94	356	13.59
2. 禾本科	72	9.77	254	9.70
3. 豆科	29	3.93	180	6.87
4. 莎草科	14	1.90	148	5.65
5. 毛茛科	17	2.31	124	4.73
6. 蔷薇科	29	3.93	121	4.62
7. 十字花科	42	5.70	85	3.25
8. 石竹科	19	2.58	87	3.32
9. 百合科	20	2.71	81	3.09
10. 藜科	21	2.85	83	3.17
11. 玄参科	23	3.12	69	2.63
12. 蓼科	7	0.95	65	2.48
13. 伞形科	29	3.93	58	2.21
14. 唇形科	25	3.39	57	2.18
15. 杨柳科	3	0.41	49	1.87

（续）

植物	属数	属数占全区的比例（%）	种数	种数占全区的比例（%）
16. 紫草科	17	2.31	40	1.53
17. 兰科	20	2.71	29	1.11
18. 虎耳草科	10	1.36	27	1.03
19. 龙胆科	10	1.36	37	1.41
20. 桔梗科	5	0.68	29	1.11
21. 堇菜科	1	0.14	26	0.99
22. 报春花科	6	0.81	22	0.84
23. 景天科	6	0.81	18	0.69
24. 蒺藜科	6	0.81	18	0.69
25. 桦木科	4	0.54	17	0.65
26. 柽柳科	3	0.41	17	0.65
27. 茜草科	3	0.41	17	0.65
28. 忍冬科	7	0.95	16	0.61
29. 鸢尾科	2	0.27	16	0.61
30. 罂粟科	4	0.54	16	0.61
31. 旋花科	4	0.54	16	0.61
32. 大戟科	4	0.54	15	0.57
33. 眼子菜科	2	0.27	13	0.50
34. 牻牛儿苗科	2	0.27	12	0.46
35. 松科	3	0.41	11	0.42

资料来源：马毓泉，1989，内蒙古植物志：第一卷。

表 2　内蒙古维管植物前 41 个属的种数统计表

序号	属名	种数	序号	属名	种数
1	薹草属	100	4	风毛菊属	39
2	蒿属	73	5	早熟禾属	36
3	黄芪属	52	6	棘豆属	35

（续）

序号	属名	种数	序号	属名	种数
7	葱属	34	25	野豌豆属	14
8	蓼属	33	26	藜属	13
9	柳属	30	27	酸模属	13
10	委陵菜属	27	28	虫实属	13
11	堇菜属	26	29	柽柳属	13
12	繁缕属	26	30	紫堇属	12
13	毛茛属	25	31	猪毛菜属	12
14	鹅观草属	23	32	鹅绒藤属	12
15	沙参属	22	33	桦木属	12
16	马先蒿属	21	34	龙胆属	12
17	乌头属	20	35	大戟属	12
18	绣线菊属	20	36	婆婆纳属	12
19	杨属	19	37	拉拉藤属	12
20	蒲公英属	17	38	蓟属	11
21	铁线莲属	16	39	眼子菜属	11
22	鸢尾属	15	40	碱茅属	11
23	针茅属	15	41	天门冬属	11
24	锦鸡儿属	15			

41个属，合计种数945种，占全部维管植物种数的36.08%

资料来源：马毓泉，1989，内蒙古植物志：第一卷。

3. 野生经济植物资源

内蒙古草原野生经济植物资源按其传统经济用途大体可分为饲用植物、食用植物、药用植物、观赏地被植物、香料类植物等类型，其中，饲用植物、食用植物和药用植物是开发较早、利用较多的植物种类，下面就这3种进行描述。

（1）饲用植物资源

饲用植物通称为牧草，指可供牲畜采食的草本植物，也包括枝叶、花和果等可供牲畜饲用的木本植物。饲用植物资源是生物资源的一个重要组成部分，是牲畜的生活条件，也是发展畜牧业的物质基础。

内蒙古草原的野生饲用植物种类约占全区维管植物的 1/3。其中，种子饲用植物 789 种，可饲用的蕨类植物 4 种，分属于 52 科 272 属。这些饲用植物主要隶属于禾本科、豆科、菊科、藜科、莎草科、蔷薇科、蓼科、十字花科、百合科、杨柳科等，占全区饲用植物总数的 79.19%。

内蒙古天然草地饲用植物的组合以禾本科居首位，菊科、豆科和藜科依次为第 2、3、4 位，但是在不同地带性植被组成中，饲用植物种类的组合差异较大。在荒漠草原和荒漠区，其种类组合中菊科、藜科植物明显增加，而禾本科植物显著减少，由原来的首位退居于第三或第四位。

群落中建群种、优势种中的饲用植物所形成的群落环境和结构代表着该群落特征和性质，也决定着该群落的饲用价值和经济价值。据统计，内蒙古地区各植被带的建群种、优势种饲用植物有 25 科 94 属 191 种，分别占全区饲用植物科的 48.08%、属的 34.56%、种的 24.09%。禾本科、菊科、豆科、莎草科、蔷薇科、藜科等是组成内蒙古地区各植被带的主导科，它们在不同的植被带起着不同的作用，使植物群落形成多个复杂的组合体。

森林草原：森林草原有饲用植物 224 种，占全区饲用植物的 28.25%，其中有 54 种是该草原植被带的建群种、优势种，占该草原饲用植物的 24.11%，占全区建群种、优势种饲用植物的 28.27%。羊草、贝加尔针茅是森林草原的主导成分。

典型草原：典型草原有饲用植物 271 种，占全区饲用植物的 34.17%，其中有 72 种是该草原植被带的建群种、优势种，占该草原饲用植物的 26.57%，占全区建群种、优势种饲用植物的 37.70%。大针茅是该草原的代表种。

荒漠草原：荒漠草原有饲用植物 200 种，占全区饲用植物的 25.22%，其中有 46 种是该草原植被带的建群种、优势种，占该草原饲用植物的 23.00%，占全区建群种、优势种饲用植物的 24.08%。石生针茅是组成荒漠草原的基本成分。

荒漠：荒漠有饲用植物 149 种，占全区饲用植物的 18.79%，其中有 49 种是该草原植被带的建群种、优势种，占该荒漠饲用植物的 32.89%，占全区建群种、优势种饲用植物的 26.65%。

草甸：草甸有饲用植物 294 种，占全区饲用植物的 37.07%，其中有 55 种是该草原植被带的建群种、优势种，占该草甸饲用植物的 18.71%，占全区建群种、优势种饲用植物的 28.80%。

饲用植物的经济类群是从生产角度出发，根据草地植物的经济价值所概括出来的类群。内蒙古 793 种野生饲用植物可划分成 8 个经济类群：①根茎禾草类，代表植物有沙鞭、羊草、赖草、草地早熟禾等；②丛生禾草，代表植物有芨芨草、披碱草、冰草、大针茅、克氏针茅、羊茅等；③一、二年生禾草，代表植物有小画眉草、虎尾草、狗尾草等；④多年生豆科类，代表植物有苜蓿、黄芪、棘豆、野豌豆、甘草等；⑤一、二年生豆科类，代表植物有草木犀、野大豆等；⑥大型莎草，代表植物有寸草薹、砾薹草等；⑦蕨类杂类草，代表植物有节节草、木贼、问荆等；⑧多年生杂类草，代表植物有蒲公英、鸦葱、苦荬菜等。

（2）药用植物资源

药用植物资源是指含有药用成分，具有医疗用途，可以作为植物性药物开发利用的一类植物。广义的药用植物资源还包括人工栽培或利用生物技术繁殖的个体及提取的药物活性物质。内蒙古地区药用植物资源十分丰富，其种类占全国药用植物总数的 10.21%，说明内蒙古地区是药用植物资源集中的地区之一，其主产的重要药用植物有麻黄、甘草、黄芪、黄芩、防风、芍药、知母等。

经统计，内蒙古野生药用高等植物共有 1 076 种，隶属 130 科 468 属。中药用野生植物共有 1 042 种，隶属 130 科 455 属（包括 89 个变种和 13 个亚种），科数占全区野生药用植物总科数的 100.00%，属数占全区野生药用植物属数的 97.22%，种数占全区药用植物种数的 96.84%。蒙药用野生植物共有 508 种，隶属 81

科 216 属（包括 34 个变种和 5 个亚种），蒙药用植物种数占全区野生药用植物种数的 47.21%。

中药和蒙药共用野生植物共有 474 种，隶属 81 科 199 属（包括 34 个变种和 5 个亚种），占全区野生药用植物总数的 44.05%。中药专用野生植物种类非常丰富，共有 568 种，隶属 103 科 315 属。蒙药专用野生植物共有 34 种，隶属 15 科 24 属。

中药常用野生植物有 233 种，隶属 62 科 113 属。蒙药常用野生植物有 184 种，隶属 46 科 127 属。其中，中药和蒙药共用品种有 80 种。

内蒙古分布有国家珍稀濒危保护植物 47 种，隶属 30 科 43 属。经统计，其中有药用价值的野生植物有 12 科 16 属 17 种，包括 6 种中药用植物和 11 种中蒙药共用植物。

（3）食用植物资源

食用植物资源是指可以被人类食用的一切植物。内蒙古野生植物中有很多种类可被食用，可作为代粮、蔬菜（野生蔬菜）、水果（野果）、饮料（茶用）和调味品等。

根据相关文献和调查结果显示，在内蒙古野生植物中有 368 种、3 亚种、16 变种、1 变型可作为食用植物资源，隶属 73 科 213 属。其中，10 种以上的科共有 11 个，为菊科、百合科、蔷薇科、十字花科、豆科、蓼科、藜科、唇形科、毛茛科、伞形科、禾本科，占内蒙古全部野生食用植物总科数的 15.07%；这些科包含 118 属，占总属数的 55.40%；包含植物 245 种，占总种数的 63.14%。其中，以菊科种类最多，有 65 种，隶属 29 属；其次为百合科，有 39 种，隶属 8 属；蔷薇科有 28 种，隶属 17 属；上述三科植物种类总数量为 132，占全部种类的 34.02%。

也有一些科，虽然可作为食用植物资源的种类比较少，但却包含了很多常用的、传统的种类，如蕨科的蕨（*Pteridium aquilinum* var. *latiusculum*）、荨麻科的麻叶荨麻（*Urtica cannabina*）、苋科的反枝苋（*Amaranthus retroflexus*）、马齿苋科的马齿苋（*Portulaca oleracea*）、锦葵科的野葵（*Malva verticillata*）、桔梗科的桔梗（*Platycodon grandiflorus*）和轮叶沙参（*Adenophora tetraphylla*）等。

在内蒙古野生食用植物资源中，包含 5 种以上的属有 11 个，为葱属、蒲公英属、蒿属、委陵菜属、蓼属、藜属、酸模属、蓟属、黄精属、堇菜属、沙参属，共包含 96 种，占内蒙古野生食用植物总种数的 24.74%；其中百合科的葱属位列第一，包含 20 种，其次为菊科的蒲公英属和蒿属，上述三属植物资源总数占全部种类的 11.60%。

葱属、蒲公英属、蒿属等是内蒙古野生食用植物资源中较为重要的植物类群。但是，一些并不在内蒙古野生食用植物资源 11 个大科中的属却包含了一些常用的野菜，如堇菜属的鸡腿堇菜（*Viola acuminata*）、沙参属的荠苨（*Adenophora trachelioides*）等。

根据食用方式可以将内蒙古野生食用植物资源分为粮用类、野生蔬菜类、野果类、调味类、茶用类、食用油料类、糖料类、胶用类、嚼食类九大类型（表 3）。其中，野生蔬菜类的植物种类最多，其次为野果类和调味类。

表3　内蒙古野生食用植物资源中不同用途的植物种类比例及常见种类

用途类别	种类数	所占比例（%）	常见种类/使用部位
粮用类	16	3.77	反枝苋、稗、小针茅、狗尾草、沙蓬
野生蔬菜类	308	72.64	麻叶荨麻、蒲公英、苦荬菜、沙芥
野果类	43	10.14	虎榛子、沙棘、白刺、地梢瓜、稠李
调味类	25	5.90	细叶韭、蒙古韭、山荆子、百里香
茶用类	19	4.48	黄芩、山荆子、芍药
食用油料类	6	1.42	野亚麻、大籽蒿、苍耳
糖料类	1	0.24	麻黄果实
胶用类	4	0.94	车前、白莎蒿、黑沙蒿
嚼食类	2	0.47	牻牛儿苗、叉分蓼、酸模叶蓼

资料来源：赵晖，2009，内蒙古野生食用植物资源信息检索数据库的建立与应用。

（三）野生植物资源的重要性

草原野生植物资源是一种可再生资源，是生物多样性的重要组成部分，是工农牧业重要的生产资料，是维系生态系统平衡的重要因子，是国家未来发展重要的战略资源，具有重要的生态、经济、科研和文化价值。

1. 重要的生产资料

草原野生植物资源是内蒙古经济发展和人民生产生活必要的生产资料。草原野生植物资源作为畜牧业发展的物质基础，其开发利用状况和发展趋势显著地影响着畜牧业的发展前景。草原野生植物是恢复生态环境、保持水土流失、改良草场等重要的物种资源，其严酷的生境造就了植物顽强的生存能力，耐寒、耐旱的特性是外来引种植物所不可替代的，对于生态建设具有深远的意义。草原野生植物资源也是药用植物资源宝库，其中不乏蒙古黄芪、甘草、苁蓉、锁阳等道地药材，且此区生境冷凉不易生病虫害、干旱缺水难以施用化肥、生长区人烟稀少等特点使药品具有绿色无污染的属性。此外，野生植物资源中不乏高品质的绿肥作物、高植物纤维含量植物、富含芳香油的芳香植物等，可用于食品、化工、建筑、轻工业等各个领域，是生产生活的重要生产资料。

2. 生态服务功能

草原野生植物是草原生态系统最重要的因子，首先，它为野生动物的繁衍生息创造了得天独厚的条件，使草原生态系统呈现出丰富的生物多样性；其次，草原植物发挥着防风固沙、保持水土、涵养水源、净化空气等重要的生态服务功能，是草原生态系统稳定的保障。据 2020 年内蒙古发布的生态产品总值（GEP）来看，2019 年内蒙古生态产品总值为 44 760.75 亿元，是国内生产总值（GDP）的 2.6 倍，其中，调节服务产品总价值为 33 727.90 亿元，占全区 GEP 的 75.35%，充分说明内蒙古草原生态服务功能的重要作用。

3. 丰富的物种资源

内蒙古草原丰富的生境条件孕育了丰富的植物种质资源，这些草原野生植物在严酷生境条件下，通过漫长的自然选择留下了适应当地环境的优良基因，尤其是耐寒、耐旱、耐盐碱等基因，它们是培育植物新品种、发展农业生物工程宝贵的基因库。一些草原野生植物还是栽培植物的野生祖先或亲缘种，它们是新植物品种选育的基础素材。草原野生植物是环境进化、古地理方面的生物地理信息库，具有很高的科研价值。

4. 促进经济发展

草原野生植物资源具有广阔的开发前景和重要的经济价值与市场价值。加强科学研究，合理保护、采集、利用草原野生植物资源，鼓励人工种植产业的发展，对实现草原野生植物资源的可持续发展、促进产业结构调整、增加农牧民收入、繁荣社会经济等均具有重要意义。

5. 社会文化效益

千百年来草原野生植物养育了各草原民族，同时，各民族在利用草原植物中也形成了独具特色的植物文化和生态文化，有些已成为民族文化不可缺少的组成部分。在内蒙古，除主体民族蒙古族和多数民族汉族外，还有少数民族鄂伦春族、鄂温克族和达斡尔族等。各民族在生产实践中都形成了具有本民族特色的传统植物药知识，这些知识可为开发以传统药为依据的新药提供线索；还摸索出了食用植物种类、食用部位、烹饪方法、加工技术等，从中可以推出具有内蒙古地方民族风味的食品和饮料，为食品工业和餐饮业提供新产品。草原野生植物也是各民族制作生产生活器具、装饰品、工艺品等的原料，这些物品具有显著的民族特色和艺术表现力，蕴含着实用价值和文化内涵，可以为开发富有民族特色的植物产品、发展乡村加工业提供思路。除此之外，在植物多样性及其保护方面，各民族间也形成了不同的植物文化思想，但其中都包含着人与自然和谐共处的思想观念，这对保护自然起到积极作用。这些植物文化、生态文化和现象，有些具有直接文化价值，有些包含宗教价值，给植物旅游资源赋予了人文色彩，是开发价值很高的旅游资源。

二、草原植物资源的开发利用现状及展望

植物资源是自然馈赠给人类的一座宝库，这座宝库中蕴藏着食物、药品、饲草料及各类工业原料，也孕育了不同的植物文化和生态文化，且循环可持续。在人类历史的长河中，我们的祖先从这座宝库中发现了可以饱腹的粮食、蔬菜、水果，发现了可以蔽体的麻类植物，发现了可以治病的草药……然而，人类对植物资源的开发利用只是宝库的一隅，它仍蕴藏人们未知的巨大财富，等待人类去开启。

内蒙古草原植被类型多样，植物资源丰富，具有种类多、储量大的特点，有较高的开发利用价值。然而，其开发利用率却不高，多年来，配合畜牧业的发展，植物开发利用多以饲用植物为主，其他类型的经济植物开发利用较少。下面就内蒙古主要野生经济植物的开发利用现状进行阐述。

（一）野生经济植物开发利用现状

1. 饲用植物

饲用植物资源是草原建设和发展畜牧业现代化生产的重要物质基础。内蒙古地区的饲用植物资源是十分丰富的，从发展饲料生产角度来看，占有一定的优势。新中国成立以来，内蒙古随着草原建设和畜牧业的发展，在该方面做了大量的研究工作，在生产实践上也取得了一定成效，但与我国畜牧业现代化的要求相比，差距仍然很大。

通过充分发掘和利用本区的野生饲用植物资源，内蒙古的牧草栽培学家、育种学家和草原科学工作者从当地野生的优良草种中选择了一批草种，经过驯化栽培，由野生种变为优良的栽培草种，收到了良好的效果。如豆科中黄花苜蓿、扁蓿豆、羊柴、肋脉野豌豆、中间锦鸡儿、柠条锦鸡儿等的驯化栽培，禾本科中羊草、披碱草、老芒麦、无芒雀麦、碱茅等的驯化栽培，其他如驼绒藜、木地

肤、沙拐枣、梭梭等的驯化栽培，均获得成功，在生产上发挥着积极的作用。

多年来，我们从对内蒙古饲用植物资源的调查研究中认识到，在建立各个不同地带人工打草地或放牧地时，在豆科的野生种中应尽力发掘利用扁蓿豆属、锦鸡儿属、黄芪属、野豌豆属、胡枝子属、岩黄芪属等植物种，在禾本科野生种中应利用冰草属、雀麦属、披碱草属、赖草属、偃麦草属、鹅观草属、新麦草属、大麦属、剪股颖属、碱茅属、异燕麦属、早熟禾属、狗尾草属、稗属等植物种，其他如藜科中的地肤属、驼绒藜属，苋科的苋属等。在实践、观察、研究过程中，对于不同草种也总结出了行之有效的使用方法。

饲用植物种质资源是栽培植物种质资源的重要组成部分，是可以用来培育牧草新品种的各种原始材料。在长期自然演化和人工选择下，饲用植物种质资源蕴藏着丰富的遗传基因，不仅是牧草种植业的基本生产资料，也是培育牧草良种不可缺少的物质基础和生物理论研究的重要材料。

内蒙古地区分布着一些世界著名优良栽培牧草的野生种，这些植物草质柔嫩、营养丰富、适口性好。如无芒雀麦、草地早熟禾、冰草、红车轴草、白车轴草、黄花苜蓿、草木犀、白花草木犀等，应该对这些宝贵的牧草种质资源引起重视。

2. 药用植物

内蒙古药用植物种类丰富，东部的大兴安岭分布的主要药材种类有芍药、地榆、手掌参、草乌等；燕山山地的喀喇沁旗有短梗五加、照山白等；大青沟有天麻、黄檗、水曲柳等；阴山山脉有五味子、柴胡、黄芩、党参等；中西部荒漠地区有甘草、防风、麻黄、黄芪、苁蓉、枸杞等。

内蒙古道地药材品种多。目前，已形成规模化种植的主要有甘草（*Glycyrrhiza uralensis*）、草麻黄（*Ephedra sinica*）、蒙古黄芪（*Astragalus mongholicus*）、肉苁蓉（*Cistanche deserticola*）、锁阳（*Cynomorium songaricum*）等。巴彦淖尔市和阿拉善盟境内的乌兰布和沙漠为全国最大的肉苁蓉种植基地；鄂尔多斯市杭锦旗野生和人工甘草生产基地，同时被列为国家级甘草基地；包头市建立了蒙古黄芪GAP生产基地；鄂尔多斯市鄂托克旗建成了约6 666公顷麻黄种植基地。规模种植使药用植物资源得到可持续的开发利用，不仅创造了更大的经济效益，还有效地保护了野生药用种质资源。

为加强内蒙古自治区蒙药材中药材保护，促进蒙中药产业科学发展，2015年，内蒙古自治区人民政府发布了《内蒙古自治区蒙药材中药材保护和发展实施方案（2016—2020年）》，该实施方案从实施野生蒙药材中药材资源保护工程、实施道地蒙药材中药材生产基地建设工程、实施蒙药材中药材技术创新工程、推进蒙药材中药材生产组织创新、加快构建蒙药材中药材质量保障体系、加快构建蒙药材中药材生产服务体系、构建蒙药材中药材现代流通体系7个方面给出了行动目标，为内蒙古蒙药和中药产业的发展提供了保障。

3. 食用植物

到目前为止，内蒙古对野生食用植物资源的研究不多、不深，其食用部位、食用方法等多来源于内蒙古各民族在食用方面积累的丰富传统知识和经验。野生食用植物的开发利用多以市场为导向，企业规模较小。

目前，内蒙古开发生产较多的野生蔬菜有蒙古韭、山韭、蒲公英、苣荬菜、马齿苋、麻叶荨麻、野葵、全叶马兰、沙芥、荚果蕨、柳叶蒿、桔梗、猪毛菜、小黄花菜、兴安升麻、棉团铁线莲、山芹、山莴苣、藜、展枝唐松草、东风菜、地梢瓜、蝙蝠葛、反枝苋、薄荷等。总体来看，内蒙古加工生产的野生蔬菜产品以干品和腌渍品为主，多存在着原料来源分散、产品质量较低、产品形式单一、产品种类少等问题。

（二）存在的问题

1. 草原植物资源破坏严重

草原植物资源的破坏主要来自两个方面，一方面是生态环境的恶化，另一方面是滥采滥挖。草原生态系统是草原野生植物赖以生存的环境，由于草原生态遭到破坏，环境趋于恶化，草原面积减少，草原植被退化，一些草原植物资源逐步减少甚至消失。草原野生植物资源的采挖成本低，利润丰厚，在经济利益的驱动下，大量人员加入采挖野生植物资源的行列，草原野生植物资源正经历着前所未有的过度开发和破坏。由于采挖速度远高于植物正常繁衍速度，导致草原植物资源急速减少，甚至面临灭绝的威胁。据中华人民共和国生态环境部第一批公布的《中国珍稀濒危植物保护名录》记载，草原亟待保护的野生植物有 29 科 51 种以及 3 个变种，占草原全部野生植物的 13.9%。

2. 草原野生植物研究工作缺乏全面性

内蒙古在开发草原野生植物资源思路方面缺乏全局性战略思考，多年来仅把草原植物资源看作是重要的畜牧业生产资料，仅从其饲用价值方面进行研究，理念中缺乏对草原野生植物资源其他价值的关注。

3. 产学研脱节，开发利用效率低

植物资源的开发利用需要一个完整的链条来支撑，从研究其经济价值所在，到引种选育，再到栽培技术的摸索，生产工艺流程的制订，生产加工销售，每一个环节都需要科研机构、种植企业、生产企业及销售企业不断地沟通、试错、反馈、再研究，多学科联合才能形成一个完整的、持续稳定产生经济效益的产业链。目前，内蒙古的野生植物资源开发产学研脱节，草原野生植物资源利用效率较低，原材料、副产物和中间产物的深度加工水平不高，没有达到综合利用的效果。

（三）内蒙古草原野生植物资源开发建议及展望

1. 加大资源保护力度

近年来，我国对草原野生植物保护工作非常重视，开展了大量的工作，对于野生草原植物的保护应该是全方位的。首先，应重视推进各级草原监理机构建设，加强各级草原监理机构执法监督水平。其次，积极推进草原所有权和基本草原划定工作，加快推进和完善草原野生植物资源的管理与开发工作。同时，继续完善健全草畜平衡、轮牧、休牧、禁牧、人工种草及草原自然保护区规划等草原生态保护制度等，落实草原生态补偿机制，形成立体的全方位的保护系统。野生植物资源动态监测为掌握草原植物资源、有效开展草原野生植物资源管理及开发提供数据和技术基础。建立草原野生植物资源数据库为政府决策、高效管理草原野生植物资源、经济植物开发提供向导和依据。

2. 合理构建草原植物资源区划

内蒙古从东到西因其地理位置、气候、土壤等立地条件的变化，形成不同的植物地理区域，各植物区域之间及植物的科属组成、区系地理分布、生态类型和生活型都有很大的差异，所以各区域的生物生产力水平、植物资源的属性和价值以及开发利用方向等都有区域性特点。因此，在植物资源的开发中，应根据不同地理区域的特点科学地进行开发利用，突出各地优势资源。

3. 建立产学研一体化开发链条

建立研究、种植、加工、销售链条式一体化开发模式。加大相关科研投入，研究优化栽培技术，建立种质资源基地，开展野生植物引种驯化的研究工作，使一些地理分布零散、分布地形不易开采、产量相对较低、营养价值较高的野生植物种类能够实现大规模繁殖，为后续的开发提供物质基础。

4. 打造综合利用模式

加强资源多级开发成套技术工艺研究，发展无废和少废技术，提高草原野生植物资源的利用率，变资源优势为商品优势，形成产地特色产品，使草原植物资源开发成为牧区经济新的增长点。将产品开发与草原经济转型相结合，发展复合型草原经济结构，延长产地草原经济植物资源产品开发产业链，提高产地产品开发的科技含量，以实现当地农牧民生活水平和经济发展水平双提高的目标。

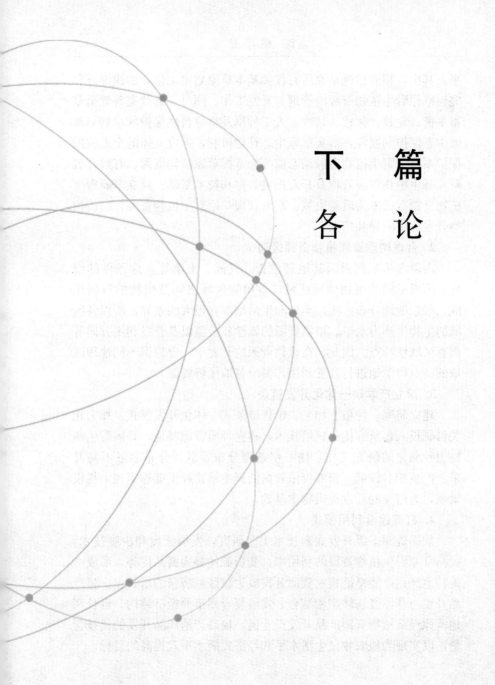

下　篇

各　论

一、种子会飞的植物

说到种子会飞的植物，大家想到的一定是蒲公英。蒲公英种子成熟时冠毛展开，像一把把降落的伞随风飘扬，把种子散播远方。其实，菊科有很多像蒲公英一样具有冠毛的种子，如苦荬菜属、鸦葱属、莴苣属、苍术属的种子等都具有冠毛，它们的种子都可以随风飞翔。除了菊科植物，其他一些科的部分植物种子也被毛，如毛茛科的白头翁、藜科的驼绒藜，它们也同蒲公英一样会飞。

（一）蒲公英

1. 概述

蒲公英（*Taraxacum mongolicum* Hand. - Mazz.）为菊科蒲公英属多年生草本植物，别名黄花地丁、婆婆丁等，在我国各地广泛分布。蒲公英为传统的山野菜，不仅具有食用和药用价值，同时也具有一定的观赏价值，"种子会飞的植物——蒲公英"通常代表着一种深刻的文化含义。除此之外，蒲公英植株体内含有大量的橡胶成分，其结构与橡胶树的橡胶接近，可作为橡胶树橡胶的替代品，缓解天然橡胶资源紧缺的问题。

2. 植物特征

根略呈圆锥状，弯曲，长 4～10 厘米，根部表面呈棕褐色，皱缩，根头部被黄白色毛茸。叶倒卵状披针形、倒披针形或长圆状披针形，长 4～20 厘米，宽 1～5 厘米，先端钝或急尖，边缘有时具波状齿或羽状深裂；顶端裂片较大，三角形或三角状戟形，全缘或具齿。花葶 1 至数个，与叶等长或稍长，高 10～25 厘米，头状花序直径 30～40 毫米。

3. 生长习性

广泛生于中、低海拔地区的山坡草地、路边、田野、河滩。

4. 利用方式

（1）食用

蒲公英味道鲜美，营养丰富，可蘸酱生食、凉拌、做馅儿，深受人们的喜爱。人们在春季和夏季常常利用闲暇时间到野外采摘。

（2）药用

蒲公英性苦、味寒。具有清热解毒，利尿散结的功效，主治急性乳腺炎、淋巴腺炎、瘰疬、疔毒疮肿、急性结膜炎、感冒发热、急性扁桃体炎、急性支气管炎、胃炎、肝炎、胆囊炎、尿路感染等。阳虚外寒、脾胃虚弱者忌用。

（3）茶用

在内蒙古多地有饮用蒲公英茶的习惯，当地村民制作蒲公英茶要选择那些肥肥宽宽的叶子，蒲公英花含苞待放的时候采集的叶子为最优，将采摘回来的蒲公英放在水里清洗，清洗干净后，把叶子放在干净的水里浸泡 1 小时，便于表面有害物质析出，把清洗干净的蒲公英捞出，控干水分，进行杀青。杀青后进行晾晒，把晾晒好的蒲公英叶子放进锅内，小火翻炒，待叶子微微卷起，蒲公英茶即制作完成。

（4）观赏用

蒲公英大约在 4 月返青，10 月枯黄，春、秋两季开花，叶片嫩绿，贴地而生，花色艳黄，俏丽悦目，具有独特的观赏价值。

5. 栽培技术

（1）种子准备

蒲公英为多年生宿根性植物，野生条件下二年生植株就能开花结籽，开花后经 13～15 天种子即成熟，采种时可将蒲公英的花盘摘下，放在室内存放后熟 1 天，再阴干 1～2 天至种子半干时，用手搓掉种子尖端的茸毛，然后晒干种子备用。

（2）选地整地

蒲公英生命力旺盛，对土地要求不高，喜疏松肥沃、排水良好的沙质壤土。在选取的土地上深翻地 20～25 厘米，整平耙细，作平畦（宽 1.2 米、长 10.0 米），起 20 厘米高小垄。

（3）播种

蒲公英种子没有休眠期，待种子成熟后采收，从春到秋都可以播种，冬季也可以在温室播种。蒲公英播种前，先保证土地湿润，然后翻地作畦，在畦内开浅沟，沟距 12 厘米，沟宽 10 厘米，将种子播在沟内，播种后覆土（土厚 0.3～0.5 厘米）。

（4）田间管理

田间除草：当幼苗 10 天左右可进行第 1 次除草，以后每 10 天左右除草 1 次，直到蒲公英封垄为止；封垄后可人工拔草。

间苗、定苗：出苗 10 天左右进行间苗，株距 12～20 厘米，经 20～30 天即可进行定苗，株距 32～40 厘米。

肥水管理：蒲公英虽然对土壤条件要求不严格，但是它还是喜欢肥沃、湿润、疏松、有机质含量高的土壤。所以在种植蒲公英时，每亩施 2 000～3 500 千克农家肥作基肥，每亩还须施17～20 千克硝酸铵作种肥。出苗期间，应保持土壤湿润直至幼苗顶土，出苗后适当控制水分，促使幼苗生长，在叶子生长时期，保证土壤湿润，促进叶片生长。冬前浇 1 次透水，利于越冬。

（5）病害防治

蒲公英病害主要是叶斑病、斑枯病、锈病、枯萎病。防治方式为：提倡施用酵素菌沤制的堆肥或腐熟有机肥；选择适宜本地的抗病品种；选择宜排水的沙质土壤栽种；发病初期选用 50％多菌灵可湿性粉剂 500 倍液、硫黄悬浮剂 600 倍液或 50％琥胶肥酸铜可湿性粉剂 400 倍液或 30％碱式硫酸铜悬浮剂 400 倍液灌根，每株用药 0.4～0.5 升，视病情连续灌 2～3 次。

6. 采收

蒲公英可分批采摘外侧大叶，保留小叶继续生长，可 30 天收割一次。采收时也可采用镰刀或者小刀于地表 1～2 厘米处割取，保留根部，使继续生长。也可以一次性收割，每亩地可收取 1 500～2 000 千克。蒲公英整株割取后，根部受损流出白浆，10 天内不宜浇水，防止烂根。用作中药材时可在晚秋期间挖带根的全株，清洗晒干以备药用。

（二）白头翁

1. 概述

白头翁（*Pulsatilla chinensis*）为毛茛科白头翁属多年生草本，别名毛姑朵花、老公花等。其根可入药，味苦，性寒，具有清热解毒、凉血止痢、燥湿杀虫的功效。白头翁属于药材市场的小品种，但随着中成药及西药开发、植物提取物、出口创汇等领域的发展，其应用逐步扩大，年需求量逐年递增。而其野生产量逐年降低，资源可持续利用问题亟待解决。

白头翁为早春开花植物，花紫色，花蕊黄色，较大；花落后，瘦果和花柱呈银丝状且卷曲，具有很强的观赏性，园林绿化中可用于点缀草坪或做花境，因其根系较短，也可作为楼顶绿化植物。

植物在移栽后萎蔫的叶片会慢慢恢复到原来的状态，这称为缓苗。白头翁的缓苗过程与其他植物有所不同，尤其是大苗，原先的叶片会慢慢地枯萎，几天之后根茎部位会露出新长的嫩叶。

2. 植物特征

株高 15～50 厘米。全株密被白色柔毛，早春时毛更密。根状茎粗壮，具数条直根。基生数枚叶；叶柄长 5～20 厘米，密被长柔毛；叶片宽卵形，3 全裂。花葶 1～2 个，被长柔毛，总苞 3 深裂；花直立，钟状；萼片蓝紫色；矩圆状卵形，里面无毛，外面密被长伏毛；雄蕊长约为萼片一半。瘦果纺锤形，扁，被长柔毛。花柱宿存。花期 5—6 月，果期 6—7 月。

3. 生长习性

喜凉爽气候，生于草原、山坡、土坡向阳的草丛中。耐旱、耐寒，早春土壤尚未完全解冻时即开始返青，4—5 月生长迅速，温度过高时抑制生长。喜排水良好的沙质壤土。宜在秋季茎叶枯萎和早春萌芽时进行移栽，生长期移栽成活率低，长势差。

种子发芽率在 40％左右。成熟时易被风吹散，在 5 月花茎由白色变为灰色时采收种子。

4. 利用方式

（1）药用

白头翁为我国传统常用中药，始载于《神农本草经》，为下品，别名奈何草、胡王使者等。白头翁主要成分为五环三萜皂苷类、木脂素、三萜酸等。有人也从白头翁中分离得到白头翁素、原白头翁素等。主治赤白痢疾、崩漏、血痔、带下、阴痒、湿疹、痈疮、眼目赤痛等，久痢元气已衰、脾胃虚弱及寒湿泻者忌服。中成药有白蒲黄片，具有清热解毒、燥湿的功效，主治湿热下注肠炎、痢疾等。

（2）观赏用

白头翁花紫色钟形，全株被毛，十分奇特，从花朵开放到蒴果成熟的一个半月中，先赏花后观果。可点缀形式单一的草坪，也可在公园、广场布置花境、花坛；在路旁、假山脚下、石级前点缀白头翁给人以亲切的生态之美。白头翁根系较浅，抗性强，喜光照，也可作为楼顶绿化植物。

5. 栽培技术

白头翁主要用种子繁殖。

（1）选地与整地

选择地势高的沙壤土，施腐熟的农家肥，用旋耕机把土地旋细耙平。做成床面宽120厘米，沟宽25厘米、深15厘米的苗床，苗床长度依据地块大小而定，床面用耙子耧平耧细，等待播种。

（2）播种

种子用温水浸泡6～8小时后，捞出置于25～30℃下催芽，当出芽达到20%以上即可播种，播种量2.5千克/亩。把催芽种子均匀地撒到苗床上，然后用过筛细土覆盖种子，一般覆土0.5厘米左右，然后浇透水。苗床覆盖草以保温保湿，促进出苗。出苗后应及时去掉覆盖物，以免幼苗因光照不足而生长细弱。其间注意保持水分。

（3）移栽

育苗最好在次年春季未返青时移栽，也可以将培育两年的大苗进行分株移栽，移栽后浇透水。株行距一般在15厘米×15厘米，亩保苗约 3 万。白头翁极抗旱，所以以后无大旱的情况下基本无需浇水。

（4）田间管理

白头翁耐贫瘠，耐粗放管理，除了除草外一般无需管理。

6. 采收

种子采收：当 60％的种子黄化成熟时采收种子，过早种子成熟度不高，出苗较弱；采收过晚种子就会被自身的羽毛带着随风飞散。采收的种子放在箩筐里于阳光下晾晒，上面盖纱网，以免种子随风飞走。晒干后，将种子放在铁网筛子上反复揉搓去毛。白头翁种子很小，一般每千克种子有 50 万粒，出芽率在 86％以上。

根部采收：一般移栽 2 年后采收。秋季待地上部分枯萎后，割去地上部分，再用挖药机或者人工用镐头把根系刨出，除去泥土晒干即可。

（三）乳苣

1. 概述

乳苣（*Lactuca tatarica* L.）为菊科莴苣属多年生草本，别名为紫花山莴苣、蒙山莴苣、苦菜，为药食两用野生植物。在内蒙古、山西、甘肃等地区，人们有春季采食乳苣嫩叶的习惯。乳苣性凉，具有清热、解毒、活血、排脓和降压等功效，食用后有泄热宁神、清心明目、消炎解毒作用。在俄罗斯、印度、伊朗、阿富汗及中国各省均有分布。关于乳苣的研究报道较少，仅有的报道多集中于有效物质的提取，目前，乳苣中已发现的化学物质有黄酮类、多酚类、甾醇类、莴苣素等，其中，多酚、莴苣素等被证实可有效抑制癌细胞的生长，具有很好的开发前景。

2. 植物特征

株高（10～）30～70 厘米。具垂直或稍弯曲的长根状茎。茎直立，具纵沟棱，无毛，不分枝或有分枝。茎下部叶稍肉质，灰绿色，长椭圆形、矩圆形或披针形，长 3～14 厘米，宽 0.5～3.0 厘米，先端锐尖或渐尖，有小尖头，羽状或倒向羽状深裂或浅裂，侧裂片三角形或披针形，边缘具有浅刺状小齿，上面绿色，下面灰绿色，无毛，基部渐狭成具狭翅的短柄，柄基扩大而半抱茎；中部叶与茎下部叶同形，少分裂或全缘，先端渐尖，基部具短柄或无柄而抱茎，边缘具刺状小齿；上部叶小，披针形或条状披针形，有时叶全缘而不分裂。头状花序多数，在茎顶排列成开展的圆锥形，梗不等长，纤细；总苞长 10～15 毫米，宽 3～5 毫米；总苞片 4 层，紫红色，先端稍钝，背部有微毛，外层苞片卵形，内层苞片条状披针形，边缘膜质；舌状花蓝紫色或淡紫色，稀白色，长 10～20 毫米。瘦果矩圆形或长椭圆形，长约 5 毫米，稍压扁，灰色至黑色，无边缘或具不明显的狭窄边缘，有 5～7 条纵肋，果喙长约 1 毫米、灰白色，冠毛白色、长 8～12 厘米。花果期 6—9 月。

3. 生长习性

乳苣为中生类杂草。常见于河滩、湖边、盐化草甸、田边、固定沙丘。产于内蒙古各地。分布于我国辽宁北部、河北西北部、河南、山东、陕西北部、甘肃、宁夏等地。

4. 利用方式

(1) 药食两用

乳苣为药食两用植物，在内蒙古民间多称乳苣为苦菜，人们有春季采挖苦菜嫩茎叶做凉菜、秋季采摘变硬叶做苦菜茶的习惯。在药用研究方面，有人利用乳苣煮熟放置长期不馊的特性，研究乳苣作用于癌细胞的效果，研究结果表明，乳苣全草水浸泡提取物能够抑制体外和体内生长的 SPCA－1、H1299 和 A549 肺癌细胞。植物多酚是良好的抗氧化活性成分之一，可以清除自由基引起的多种疾病，如心血管病、癌症、慢性病和衰老疾病等，因此植物多酚在食品、药品和日用化学品等领域具有巨大应用价值。周向军等研究发现，乳苣多酚对羟自由基、超氧阴离子自由基、DPPH 自由基均具有一定的清除效果，且清除作用随浓度增大而增强，有望进一步开发成天然抗氧化剂。对大鼠进行紫花山莴苣水提物灌胃的研究发现，紫花山莴苣可通过降低高血压大鼠体内的氧化应激反应，增加一氧化氮的可利用性以保护内皮功能达到降压的目的。有学者从乳苣全草中分离到 41 种化合物，其中莴苣素、山莴苣素、莴苣素-8-O-对甲氧基苯乙酸酯被证明能够抑制体外培养的人的白血病细胞（HL-60）和肝癌细胞（SMMC-7721）的生长。

（2）饲用

在内蒙古民间有挖乳苣喂猪的习惯。

5. 栽培技术

（1）选地整地

乳苣是生长在田间地头的杂草，对环境适应性强，耐寒、耐旱、喜水，在湿润、营养丰富的沙质壤土中生长旺盛。选用灌溉条件良好的沙质壤土，结合深翻每亩施入有机肥 1 000～2 000 千克作为基肥，耙平耱细备用。

（2）繁殖方式

主要采用种子繁殖，由于乳苣种子适宜的发芽温度区间较窄，播种前需催芽。

在 4 月上旬，将乳苣种子用 10～15 ℃的凉水浸种催芽，待种子萌动露白 50% 以上时播种。行距 25～30 厘米，沟深 2～3 厘米，将种子均匀撒入沟内，覆土 1.0～1.5 厘米，顺沟压实。播种后及时浇水。

（3）田间管理

待苗高 5～6 厘米时，进行中耕除草。干旱时及时浇水。

6. 采收

乳苣为多年生植物，可用镰刀齐地面采收其嫩茎叶，不影响其再生，约 30 天左右可采收一次。采收后不宜浇水。

种子采收在 7—9 月，可采用吸附式采收机械进行采收。采收后晾干，在阴凉干燥的地方贮藏。

（四）中华苦荬菜

1. 概述

中华苦荬菜（*Ixeris chinensis*）为菊科苦荬菜属一年生草本，别名山苦荬、小苦苣、苦麻子、苦菜等。中华苦荬菜体内富含白色乳液，叶量大，脆嫩多汁，含有丰富的蛋白质、维生素和有益酶，氨基酸种类齐全，是畜禽的优质饲草，人亦可食用。苦荬菜的分布几乎遍布全国，朝鲜、日本、印度等国也有分布。

2. 植物特征

株高 10～30 厘米，全体无毛。茎少数或多数簇生，直立或斜升，有时斜倚。基生叶莲座状，条状披针形、倒披针形或条形，先端尖或钝，全缘或具疏小牙齿或呈不规则羽状浅裂与深裂，两面灰绿色，基部渐狭成柄，柄基扩大；茎生叶 1～3 枚，与基生叶相似，但无柄，基部稍抱茎。头状花 6～8 毫米，花序多数，排列成稀疏的伞房状，梗细；总苞圆桶状或长卵形，总苞片无毛，先端尖；舌状花，花冠黄色、白色或变淡紫色。瘦果狭披针形，稍扁，红棕色；冠毛白色，长 4～5 毫米。花期 8—9 月。

3. 生长习性

中旱生杂草。喜生于土壤湿润的路边、沟丛、山麓灌丛、林缘草甸、田间、撂荒地等。抗旱、抗寒、不耐涝，对土壤要求不严格，各类土壤都能种植。喜光，要求有充足的光照，也耐阴，能在果林间种植。苦荬菜再生能力很强，在内蒙古呼和浩特地区 7—8 月，20～30 天便可刈割一次。

4. 利用方式

（1）药用

全草入药，能清热解毒、凉血、活血排脓，主治阑尾炎、肠炎、痢疾、疮疖痈肿、吐血、衄血等。苦荬菜中主要有效成分为木犀草素，试验证明木犀草素能使冠状动脉血流量增加，具有降低动脉粥样硬化和胆固醇的作用。苦荬菜中的槲皮素等黄酮类化合物对降低链佐星糖尿病大鼠和四氧嘧啶糖尿病大鼠血糖效果显著，并可缓解胰岛素抵抗作用，具有降血糖抗糖尿病的功效。除此之外，苦荬菜还有镇静、镇痛、抗病毒、抗癌、抗氧化、抗炎等作用，作为牲畜的中草药添加剂使用时，能减少畜禽疫病，促进健康。

（2）食用

苦荬菜脆嫩多汁，味稍苦，性甘凉，是一种具有悠久食用历史的野菜。可凉拌、做馅儿、清炒等，东北地区也有采集嫩叶蘸酱吃的习俗。从 20 世纪 90 年代开始，人们将苦荬菜进行深加工，制成速冻食品或饮料。

（3）饲用

苦荬菜再生性强，一年可刈割 3～5 次，鲜草产量 5.0～7.5 吨/亩。苦麦菜叶量大，其茎叶含有白色乳浆，适口性好，营养丰富，是优质的青绿饲料。猪、牛、鸡、鹅、兔等均喜食，也是喂鱼的好饲料。苦荬菜营养价值高，其干草中粗蛋白含量可达 20% 以上，粗脂肪 5% 以上，是一种优良的蛋白质饲料，试验表明，畜禽饲喂苦麦菜不仅增重快，饲料利用率高，而且苦麦菜具有开胃、降血压的作用，能减少疫病，促进健康。

5. 栽培技术

（1）选地与整地

苦荬菜为中生植物，一般选用有灌溉条件的沙质壤土种植。苦荬菜种子小而轻，顶土力弱，需精细耕地，耕深 20 厘米左右，耕地时每亩施入腐熟有机肥 3～5 吨作为基肥，耕翻后耙细耱平。苦荬菜不宜连作，最好选择未栽培过同类作物的地块或生茬地。

（2）播种

选用紫黑色、粒大、饱满的成熟种子。苦荬菜种子在土壤温度 5～6 ℃时便可发芽，因此，地刚化冻即可开始播种。采用条播，行距 20～30 厘米，播种量 0.50～0.75 千克/亩，播深 2～3 厘米，播后及时镇压。

（3）田间管理

苦荬菜适宜密植，直播苗一般不间苗，只有幼苗过密时可适当间苗。当苗高 5～6 厘米时，进行中耕除草。苦荬菜是需肥较多的作物，除草或刈割后每亩结合浇水施入速效氮肥 20 千克，促进幼苗发育。

6. 采收

当株高 40~50 厘米时，可第 1 次刈割利用。之后每隔 20~40 天再刈割一次。为保持苦荬菜处于生育的幼龄阶段，刈割要及时，苦荬菜再生力强，及时刈割不仅能增加刈割次数，还能提高产量与品质。适宜刈割高度为 4~5 厘米，最后一次贴地面刈割以提高总产量。

种子采收最适时期是在大部分果实冠毛露出时。苦荬菜花期长，种子成熟不一致，要分期及时采收，以免落粒损失。

（五）苍术

1. 概述

苍术是菊科苍术属多年生草本，内蒙古地区有两种，茅苍术（*Atractylodes lancea* Thunb.）和北苍术［*Atractylodes chinensis* (DC.) Koidz.］，两种苍术根茎均可入药，本书描述的是北苍术。北苍术别名枪头菜、山刺菜，其根可入药，味辛、苦，性温，具有燥湿健脾、祛风除湿、明目的功效，主治湿阻中焦、脾胃升降失常、呕吐泄泻、湿邪在表、寒热无汗、头身重痛、风湿痹阻、肢节肌肉酸重肿痛、湿热下注、痿癖、下部湿疮等。内蒙古兴安北部及岭东、兴安南部、赤峰丘陵、燕山北部、阴山均有分布。

2. 植物特征

株高 30~50 厘米。根状茎肥大，结节状。茎直立，具纵沟棱，疏被柔毛，带褐色，不分枝或上部稍分枝。叶革质，无毛；下部叶与中部叶倒卵形、长卵形、椭圆形、宽椭圆形，长 2~8 厘米，宽 1.5~4.0 厘米，不分裂或大头羽状 3~5（7~9）浅裂或深裂，先端钝圆或稍尖，基部楔形至圆形；侧裂片卵形、倒卵形或椭圆形，先端稍尖，边缘有具硬刺齿；两面叶脉明显；下部叶具短柄，有狭翅；中部叶无柄，基部略抱茎；上部叶变小，披针形或长椭圆形，不分裂或羽状分裂，叶缘具硬刺状齿。头状花序单生于枝端，直径约 1 厘米，长约 1.5 厘米，叶状苞倒披针形，与头状花序等长，总苞杯状；总苞片 6~8 层，先端尖，被微毛，外层苞片长卵形，边缘具刺毛,中层矩圆形,内层矩圆状披针形;管状花白色,长约 1 厘米。瘦果圆柱形,长约 5 毫米,密被向上而呈银白色的长柔毛;冠毛淡褐色,长 6~7 毫米。花果期 7—10 月。

3. 生长习性

苍术为中生草本。生于夏绿阔叶林带和森林草原带的山地阳坡、半阴坡草灌丛,是常见植物,有时数量较多,呈斑块状分布。喜凉爽气候,适宜生长温度为 15~22 ℃,耐寒,在呼和浩特地区能安全越冬。生命力强,对土壤要求不严格,荒山、坡地、瘦土均能生长,但以排水良好、地下水位低、结构疏松、含腐殖质丰富的沙质壤土最好。怕水浸,水浸后根茎容易腐烂。

4. 利用方式

药用:苍术根状茎内含有挥发油,主要成分为苍术醇(苍术醇为 β-桉叶醇和茅术醇的混合物),还含有苍术素、苍术酮等,具有抗炎、利尿、抗肿瘤、影响消化系统、降血糖及增强免疫力等作用。苍术在药品中应用较多,许多常见的中成药如藿香正气水、祛风舒筋丸、平胃丸、纯阳正气丸、二妙丸和三妙丸等均以苍术为原料。

5. 栽培技术

(1) 选地与整地

北苍术生命力强,对土壤要求不是十分严格,因此一般土壤均可选用。整地前先施基肥,每亩施腐熟农家肥 2 000 千克左右,均匀施肥后深耕细耙,作平畦,以利于排水和管理。

(2) 繁殖方法

种子繁殖:北苍术的种子发芽率 50％左右,属低温萌发型,温度 16~18 ℃,土壤足够湿润时,10~13 天出苗。春播在 4 月底 5 月初进行,播种前将种子放在 20 ℃水中浸泡 1 天。行距 20~30 厘米,条播,覆土 1.5~2.0 厘米,保持土壤湿润。

分株繁殖:4 月芽刚要萌发时刨取根部,取下入药块根,选无病虫害母根(被选取的块根),用刀分成数块,每块有芽 1~3 个。晾半天后,按株行距 15 厘米×30 厘米开穴栽植,每穴 3~4 块,栽后覆土压紧，然后浇水。

（3）田间管理

苗高3厘米左右时进行间苗，除掉过密苗。幼苗期应勤除草松土、培土，不培土则易倒伏。如遇天气干旱，适时灌水。

（4）摘蕾

非留种田在植株现蕾、尚未开花时摘掉全部花蕾，以提高北苍术根茎产量；留种田要及时摘除下部分枝花蕾，促进上部花蕾生长，增加种子千粒重，提高种子质量。

（5）病虫害防治

北苍术易受蚜虫危害，以成虫和若虫吸食茎叶汁液。选用无毒生物农药，在虫害发生初期进行防治，将危害控制在点片发生阶段。

6. 采收

北苍术在播后3～4年或移栽后2～3年采收。以秋后至春季植株萌芽前采挖的质量好，挖出后除尽泥沙和残茎，晒干或烘干后去除须根和老皮，使表皮呈黄褐色，即可作药用。

（六）华北驼绒藜

1. 概述

华北驼绒藜（*Krascheninnikovia arborescens*）为藜科驼绒藜属半灌木，为雌雄同株单性花植物，果实带毛，种子成熟脱落后易随风飘散，播种时也应注意躲避大风天气。华北驼绒藜虽为藜科植物，生长地土壤也多贫瘠，但其蛋白质含量可与豆科媲美，对其根际固氮菌进行研究，结果从根际提取联合固氮菌11株，根内提取固氮菌2株，且固氮性能较好，这有可能是其蛋白质含量较高的原因之一。华北驼绒藜营养较高、适口性好、生长期长，是干旱地区优良饲用植物。同时华北驼绒藜生态幅广，适应性强，是优良的防风固沙、水土保持灌木。

2. 植物特征

株型直立，株高1～2米。分枝多集中于中上部，较长。叶披针形或矩圆披针形，长 2～7 厘米，宽 0.7～1.0 厘米，柄短，先端锐尖或钝，基部楔形至圆形，全缘，羽状叶脉明显，两面均被星状毛。雄花序细长而柔软；雌花花管裂片短粗，倒卵形，略向后弯，管外两侧中上部具 4 束长毛，下部具短毛。胞果椭圆形或倒卵形，被毛。花果期 7—9 月。

3. 生长习性

旱生半灌木。散生于草原区和森林区草原带的干燥山坡、固定沙地、旱谷和干河床内，为山地草原和沙地植被的伴生种或亚优势种。在内蒙古产于兴安南部和科尔沁、燕山北部、锡林郭勒、乌兰察布、阴山、阴南丘陵、鄂尔多斯、龙首山。

华北驼绒藜抗旱、耐寒、耐瘠薄、适应性强，其分布区≥10 ℃的年积温为 2 000～3 000 ℃，年降水量为 150～250 毫米，可耐受 45 ℃的高温和－40 ℃的严寒。华北驼绒藜喜沙质或沙砾质疏松土壤，以土壤表层浅覆沙的地块最好。在地势低、黏土或紧实度较大的土壤中生长不良。

4. 利用方式

（1）饲用

驼绒藜的嫩枝，骆驼、山羊、绵羊、马一年四季都喜欢采食，牛采食较少。驼绒藜适口性好，营养丰富。在四子王旗一带，牧民收割华北驼绒藜带果枝条晒制干草。当地牧民有在接羔季节用驼绒藜饲喂产羔母羊的传统经验。驼绒藜能催奶，促进羊羔健壮发育。

科尔沁型华北驼绒藜和乌兰察布型华北驼绒藜是内蒙古自治区农牧业科学院自有育成品种，其株型高大，亩产干草500～700 千克，种子产量34～40 千克。驼绒藜营养价值高，花果期粗蛋白含量 17.24%，粗脂肪 1.77%，粗纤维 35.78%，粗灰分 10.80%，无氮浸出物 28.43%，钙 1.62%，磷 0.22%，适合于调制饲料。杨鼎等对于华北驼绒藜和苜蓿对苏尼特羊瘤胃细菌区系的影响研究发现，饲喂华北驼绒藜可明显提高瘤胃细菌多样性和微生物环境，有利于羊的健康。在荒漠草原地区，华北驼绒藜也可作为秋后羔羊的抓膘牧草；华北驼绒藜返青早、枯黄期晚、放牧利用期长，对于草原畜牧业抗灾保畜具有非常重要的利用价值。

（2）生态用

华北驼绒藜具有耐旱、耐寒、耐土壤瘠薄的灌木特性，防风固沙作用、涵养水源的功效非常显著。二年生植株根基可固沙 0.1 米^3，随着苗龄的增加，其强大的根系和土壤形成一体，结构良好，不仅固沙能力增强，而且能促进降水下渗，减少地表径流，降低土壤的风蚀和水蚀；此外，繁茂的枝叶阻止阳光直射地表，可减少水分蒸发。驼绒藜的生态功能可与栽培历史较长的柠条相媲美，且较之柠条有造林容易、成本低、见效快的优点，是干旱地区建植人工草场和防护林带的理想植物。

5. 栽培技术

华北驼绒藜结实性能良好，适宜用种子繁殖。但在干旱区直播很难成功，多采用"小面积育苗大面积移栽"技术。

（1）选地与整地

选择平整沙壤土、细沙土，通透性良好的地块。筑高畦，畦高 30～40 厘米，宽 120～150 厘米，畦长依地形、灌溉条件而定。

（2）播种

小面积育苗采用条播的方式，播种量 1 千克/亩，行距 30 厘米，播深 1 厘米，浅覆土，播种时种子与湿沙以 1∶2 的比例拌种。播种至苗出全期间，畦面保持湿润，见干见湿浇水。华北驼绒藜播种后两天即可发芽，第 3 天开始出苗，4～5 天即可齐苗。苗木出全后，少浇水，不旱为宜。

（3）移栽

育苗 6 月龄以上，株高 60～70 厘米时，植株即可移栽。隔年育苗，起苗后在土壤化冻前进行假植。春季移栽在 3 月下旬或 4 月上旬，秋季移栽在 10 月中下旬。

为适宜机械移栽和杂草防除及牧草机械收获等，移栽以株距 0.5 米，行距 1.0 或 1.5 米为宜。开沟深 20～25 厘米、宽 50～60 厘米，将主根长度 17～20 厘米的苗木去掉侧根后直立放于沟中，保持根系舒展，分层覆土，使根部全部埋入土中。华北驼绒藜苗木根颈部比较脆弱易断裂，应小心踩实。栽植后保持苗坑低于地面，易蓄水保墒，起到提高苗木成活率的作用。移栽后及时浇水，浇透。

（4）田间管理

华北驼绒藜耐旱，病虫害少，适合粗放管理。

6. 采收

在 7 月末 8 月初，初花期时采收华北驼绒藜枝条，此时蛋白质含量最高。在 9 月末 10 月初，当胞果花管裂片上着生的 4 束长毛呈放射状开展，毛色由洁白变为淡暗黄色时即种子成熟，便可采收。华北驼绒藜种皮极薄，胚易受创伤，不宜采用割枝碾打的方法采收，宜用手捋。采收后及时摊放在避风、通气良好的地方阴干或晾干，摊放厚度以 10 厘米为宜，每天翻动以防发热霉坏，种子干后可及时装袋贮藏。

（七）鸦葱

1. 概述

鸦葱（*Scorzonera austriaca*）为菊科鸦葱属多年生草本，在我国分布广泛，东北、华北以及西北部分地区均有分布。鸦葱全草可入药，味苦、辛，性寒，归心经，是民间常用的清热解毒类中药材。最早于《救荒本草》中有记载，具有祛风除湿、理气活血、清热解毒、通乳的功效。其全草入药作为治疗肝炎的验方在民间应用广泛，并且具有较为明显的疗效。现代药理研究显示，鸦葱属植物具有抗肿瘤、抗抑郁、抗氧化、抗病毒、抗菌、保肝等多种疗效，具有较高的药用价值。此外，鸦葱的嫩叶味道鲜美，也可作为野菜食用。鸦葱先开花后长叶，于早春开花，花色靓丽，花朵大，形态特别，适合作缀花草坪。

2. 植物特征

株高 5～35 厘米。根粗壮，圆柱形，深褐色。茎直立，簇生，不分枝，茎基被稠密、棕褐色、纤维状残叶。基生叶灰绿色，条形、条状披针形、披针形或长椭圆状卵形，长 3～30 厘米，宽

0.3～5.0厘米，先端渐尖，边缘平展或稍见皱波状，两面无毛或仅沿基部边缘有蛛丝状柔毛，基部渐狭成有翅的柄，柄基扩大而抱茎；茎生叶2～4枚，较小，条形或披针形，无柄，基部半抱茎。头状花序单生茎顶；总苞圆柱状，总苞片4～5层；舌状小花黄色。瘦果圆柱形，长12～15毫米，黄褐色，稍弯曲，无毛或仅在顶端被疏柔毛，具纵肋，肋棱有瘤状突起或光滑；冠毛乳白色至淡褐色，长12～20毫米。

3. 生长习性

中旱生草本。生于草原群落及草原带的丘陵坡地、石质山坡、平原、河岸，适宜海拔400～2 000米。鸦葱适应性强，喜温和湿润环境，干旱条件下亦有极强的生命力。花果期5—7月，为早春开花植物。

4. 利用方式

（1）药用

鸦葱属药用历史悠久，具有清热解毒、消肿散结的功效。现代药理研究证实鸦葱含有多种活性物质，在抗肿瘤、抗菌、抗病毒、抗氧化、抗炎、保肝、降血脂、减轻脑缺血缺氧性损伤等方面有很好的治疗作用，具有极高的药用价值。

（2）绿化用

鸦葱为早春开花植物，从4、5月就开始进入花期，头状花序黄色。花蕊很特别，每个花丝像是打卷的胡子，果实则像毛绒球，很可爱。鸦葱低矮，基生叶，一般不分枝，适合点缀于草坪中作缀花草坪。

（3）食用及饲用

民间有食用鸦葱嫩叶、幼嫩花序的习俗，在荒漠地区的冬、春季节，鸦葱是牛羊和骆驼良好的饲用植物。

5. 栽培技术

鸦葱采用育苗移栽的繁殖方式。

（1）选地与整地

鸦葱对土壤要求不严，壤土、黏土、沙土均可生长，各类贫瘠的土地也可种植，适宜 pH 为 6.5～7.5。播种前深翻，同时施基肥，耙细耱平。做成宽 1 米的苗床。

（2）播种

条播或撒播，播种期 4—5 月，播种量 8～10 千克/亩。条播行距 15 厘米，播深 3 厘米，播后覆细土 2～3 厘米，镇压，保持土壤湿润。育苗期为 1 年。

（3）移栽

于翌年春季 4—5 月移栽，每亩留苗 2 万～3 万株。移栽时注意放直根系，定植后覆土压紧，及时浇缓苗水。

（4）田间管理

干旱时及时浇水，降雨量大时注意排除田间积水。地上部分收获后要及时浇水，并清除田间杂草。

6. 采收

鸦葱嫩叶、幼嫩花序于春季采摘；挖取根茎则以春、秋季节苗株未出土前质量较好。根茎挖出后，除去茎、叶、泥土及须根，晒干后即可出售。

二、蜇人的植物

（一）麻叶荨麻

1. 概述

麻叶荨麻（*Urtica cannabina* L.）为荨麻科荨麻属多年生草本，别名焮麻。麻叶荨麻刺毛上的腺体能分泌蚁酸等有较强刺激作用的分泌物，人和动物一旦触及，刺毛尖端断裂，放出蚁酸，使皮肤产生灼烧感，因而名为"焮"，其茎秆中含有丰富的纤维，在民间有将其茎皮作为麻使用的习惯，因而得别名"焮麻"。荨麻虽然浑身带刺，让人望而生畏，但它却是一种"多才多艺"的植物。其全草入药，能祛风、化痰、解毒、温胃，主治风湿、胃寒、糖尿病、痂证、产后抽风、小儿惊风、荨麻疹，也能解虫蛇咬伤之毒；其嫩茎叶可作蔬菜食用，具有很高的营养价值；其茎皮纤维可作纺织物或绳索的原料；其植株可作牧草使用，在蒙古国春季将储存的荨麻饲喂产后母畜及病畜，具有很好的保健作用。

2. 植物特征

全株被柔毛和刺毛。茎直立，高 1～2 米，丛生，通常不分枝，具纵棱和槽。具匍匐根状茎。叶片五角形，掌状 3 深裂或 3 全裂；裂片呈缺刻羽状深裂或羽状缺刻；叶片上面深绿色，叶脉凹入，疏生短伏毛或近无毛，密生小颗粒状钟乳体；叶片下面淡绿色，叶脉稍隆起，被短伏毛和疏生的刺毛；叶柄长 1.5～8.0 厘米，托叶披针形或宽条形，离生。花单性，雌雄同株或异株，同株者雄花序生于下方；雌花序呈穗状聚伞花序，丛生于茎上部叶腋间，分枝，长可达 12 厘米，具密生花簇；苞片膜质，透明，卵圆形。雄花直径约 2 毫米，花被 4 深裂；裂片宽椭圆状卵形，先端尖而呈盔状。雄蕊 4 枚；花丝扁，长于花被裂片；花药椭圆形，黄色；退化子房杯状，浅黄色。雌花花被 4 中裂，裂片椭圆形。瘦果宽椭圆状卵形，扁，光滑。花期 7—8 月，果期 8—9 月。

3. 生长习性

中生杂草。生于人类和动物经常活动的干燥山坡、丘陵坡地、沙丘坡地、山野路旁及居民点附近。

4. 利用方式

（1）食用

在内蒙古，蒙古族将麻叶荨麻称之为"哈拉海"，汉族、蒙古族、鄂温克族会在春季采集麻叶荨麻嫩枝叶，作蔬菜食用。敖特根等对麻叶荨麻嫩叶和嫩茎的营养成分进行了研究，结果显示嫩叶中的营养物质比嫩茎中的更丰富。麻叶荨麻嫩叶中的粗蛋白含量为 25.16％，比食用部位相同的绿叶蔬菜菠菜、芹菜、大白菜等都高；粗脂肪含量为 5.75％，几乎比所有蔬菜、食用菌都高。从整体上看，麻叶荨麻具有高蛋白、高不饱和脂肪酸、高胡萝卜素、高微量元素、高必需氨基酸等优良品质，是一种营养价值十分突出的野生蔬菜。在欧洲也有食用荨麻的习惯，他们将荨麻列入天然来源食物，用来烹制成各种各样的菜肴，如凉拌、烤菜、汤菜、荨麻汁饮料和调料等。荨麻籽实还可以用来榨油，其蛋白质和脂肪含量接近亚麻、向日葵和大麻等油料作物，且味道独特，还有强身健体的功能。

（2）饲用

荨麻植株高大，茎叶繁茂，生长发育快，产草量高，幼嫩时羊和骆驼喜采食，牛乐吃。荨麻的茎和叶含有丰富的蛋白质、多种维生素、胡萝卜素及各种微量的磷、镁、铁、锌、锰、硅、硫、钙、钠、钴、铜和钛等元素。其营养价值不亚于苜蓿、三叶草和豆类等饲料作物，对于牲畜发育具有重要作用。《蜀语》中记述有蕵草，苗似苎麻，芒刺蜇人，痛不可忍。有红白两种：红者可治驹症；白者煎汤浸糯米为粉，油煎甚松。用叶喂猪易壮。新疆地区人们有采集麻叶荨麻晒干粉碎作粗饲料或经开水浸泡饲喂猪的习惯，猪对酸性饲料耐受性强，可将植物有机酸转换为体脂，富含有机酸的麻叶荨麻可作为优质猪饲料。有研究表明，用荨麻饲喂蛋种鸡后其产蛋率、种蛋合格率、孵化率和鸡蛋品质等均显著提高。

（3）药用

荨麻在全世界范围内都有药用记载。在欧洲，荨麻作为利尿剂、收敛剂、止血剂、祛痰剂和催乳剂被利用，还可用于治疗关节炎、慢性皮肤病等。在土耳其，荨麻全草入药，几乎可以替代所有的药用植物，防治各种疾病，被称为"百草之王"。在德国，荨麻叶的浸膏剂被做成"风湿安"，用于风湿痛患者自助治疗，是德国5个最常用药物之一。在中国，宋代《图经本草》就有记述：荨麻草可以入药，其味苦、辛，性温，有小毒。具有祛风定惊、消食通便之功效。主治风湿性关节炎、产后抽风、小儿惊风、小儿麻痹后遗症、高血压、消化不良、大便不通；外用治荨麻疹初起、蛇咬伤等。蒙古族将其称之为哈拉盖-敖嘎，能除"协日乌素"，主治腰腿及关节疼痛、虫咬伤。朝鲜族、彝族、傣族、藏族、维吾尔族、傈僳族等民族都有用荨麻治病的习惯。荨麻、宽叶荨麻已被收入1995年《中华人民共和国卫生部药品标准：藏药分册》。以荨麻子为主要成分的制剂——寒喘祖帕颗粒以其特有的疗效被收载于

1998 年《中华人民共和国卫生部药品标准：维吾尔药分册》。

（4）保健及工业用

荨麻属植物的开发已从药品、食品拓展到日用品等领域。如荨麻提取物制备的口腔保健品，能减少牙齿斑痕、牙龈出血的发生；荨麻醇制备的美发品，能改善头皮的血液供给和呼吸作用，减少头发油垢和头皮屑的产生。

荨麻也是较好的纤维植物，其茎皮纤维韧性好，拉力强，光泽好，易染色，可作纺织原料、麻绳、地毯、纸等。

除此之外，荨麻还被用作生物农药、生物肥料。

5. 栽培技术

麻叶荨麻可用种子繁殖，也可以进行分苗移栽，因分苗移栽繁殖系数较低，多采用大田播种育苗移栽的方式。

（1）选地与整地

麻叶荨麻适应性强，对土壤无特别要求，但其种子细小，需要精耕细作。于秋季深耕 25～30 厘米，同时施入厩肥，并将地块内杂物清理干净，翌年春季耙细耱平，保持地块的平整。播种前浇足底水待用。

（2）播种

待地面不黏脚即可进行播种，播种一般于 4 月下旬至 5 月上旬进行。播种量 1.5～2.0 千克/亩，条播，行距 15～20 厘米。麻叶荨麻种子细小，播种前与细沙以 1：3 的比例混匀，播深 1.5～2.0 厘米，覆土 1 厘米左右，覆土后稍镇压。

（3）田间管理

当幼苗长到 3～5 厘米时进行疏苗，防止幼苗拥挤，为幼苗生长创造适宜条件。应及时进行中耕除草。当苗高 5～7 厘米时，按株行距 30 厘米×30 厘米进行定苗。要求田间有草必除，严防草荒，结合除草进行中耕。二年生以上的植株生长速度快，主要于生长前期进行松土除草作业，通常进行 1～2 次，待苗长高后可与少量杂草伴生。麻叶荨麻适应性较强，生长旺盛，几乎不用多加管理。一般在休眠期，把饼肥或腐熟好的猪粪，在土壤结冻前后覆盖在清理干净的床面上。麻叶荨麻以幼苗、嫩茎叶为产品，应勤浇水，保持较高的含水量，使产品柔嫩。

6. 采收

人工栽培的麻叶荨麻从 4 月即可采收。幼苗长到 16 厘米以上时，采收其嫩茎嫩尖，沸水焯后可做汤、做馅、凉拌及炒菜。7、8 月采收全草，阴干供药用。9 月可割取地上部分剥麻。需要特别注意的是，麻叶荨麻有刺毛，采摘时要戴手套，以免蜇伤。

（二）蒙古扁桃

1. 概述

蒙古扁桃 ［*Amygdalus mongolica*（Maxim.）Ricker］为蔷薇科桃属灌木，蒙名为乌兰-布衣勒斯，属国家二级保护濒危植物。分布于中国内蒙古、宁夏、陕西、甘肃，蒙古国南部和东南部，具有重要的绿化作用、油用、药用、饲用和生态价值。蒙古扁桃是戈壁荒漠特有种，作为荒漠群落的主要建群种生存了上亿年，因其自身群落结构简单、生态系统脆弱，加上近年来由于自然环境恶化和人为因素破坏，其种群数量锐减，分布区面积不断缩小，濒危状况日益严重。蒙古扁桃在荒漠地区生态平衡中具有重要作用，其长期在严酷、恶劣自然生境中繁衍进化，保存了特殊的抗逆基因，它们是开展遗传工程研究宝贵的基因库，因此，加强对原生树种的研究培育，不仅有助于改善蒙古扁桃的濒危境况，同时也对维持植物自然群落的稳定具有重要意义。

2. 植物特征

株高 1.0～1.5 米。多分枝，枝条呈近直角开展，小枝顶端呈长枝刺；树皮具光泽，暗红色；嫩枝被短柔毛。单叶，小型，多互生于长枝上或簇生于短枝上；叶片近革质，倒卵形或椭圆形，先端钝圆，边缘有浅锯齿，两面光滑无毛，叶片中脉明显隆起；叶柄长 1～5 毫米，托叶早落。花瓣淡红色，雄蕊多数，花柱细长，子房椭圆形。核果宽卵形，稍扁，顶端尖，被黏毛；果肉薄，干燥，离核；果核扁宽卵形，有浅沟，淡褐棕色。

3. 生长习性

旱生灌木。蒙古扁桃为喜光树种，根系发达，耐旱、耐寒、耐瘠薄，常生于荒漠带和荒漠草原带的低山丘陵坡麓、石质坡地及干河床，为这些地区的景观植物。在内蒙古产于达尔罕茂明安联合旗、大青山、毛乌素沙地、乌拉特中旗、乌拉特后旗、狼山、乌海市、阿拉善左旗、阿拉善右旗、贺兰山、龙首山。蒙古扁桃生长缓慢，播种当年株高仅达 30～40 厘米，第 3 年才开始结实，成年株（4～5 龄）高可达 1.5～2.0 米。一般 4 月上旬开始萌芽，中旬展叶，5 月中旬开花，7 月中旬核果成熟。

4. 利用方式

（1）绿化用

蒙古扁桃是亚洲中部戈壁荒漠特有种，也是荒漠区和荒漠草原的景观植物和水土保持植物。蒙古扁桃花先于叶开放，花色粉红艳丽，叶色翠绿，枝干朱红色油亮发光，可作为干旱、半干旱地区城镇绿化和建立护牧林网的优选植物，具有较高的园林利用价值。蒙古扁桃枝端异化呈针刺状，因此是一种天然的生物围栏材料。

（2）药用

蒙古扁桃的种仁可代郁仁子入药，具有润肠、利尿的功效，主治大便干燥、水肿、脚气等。

（3）榨油用

蒙古扁桃是重要的木本油料树种之一，种仁含油率约 40%，其油可供食用或工业用。

（4）饲用

蒙古扁桃是一种优良的饲用植物。羊、骆驼喜食其叶子、嫩枝、花和幼果，但在春季取食过量有时会造成氢氰酸中毒死亡。

5. 栽培技术

蒙古扁桃栽培一般采用育苗移栽的方法，育苗有大田条播和容器点播两种方式。

（1）种子处理

蒙古扁桃种子的外皮木质、较厚，种子休眠期较长，播种前需对种子进行催芽处理。通常采用的方法是沙藏：于播种前 20 天将蒙古扁桃种子放入 50～70 ℃的热水中搅拌，浸泡 48 小时后捞出，按种与沙 1∶3 的比例混合均匀，湿度以手握成团且松手自然散开为宜，然后将其放入窖内催芽。第 2 年播种前筛出沙藏种子，对于部分未裂开的种核需要人工破皮。

（2）育苗

大田条播：苗圃地应选择疏松、渗透性强的沙壤土。大田条播可分为春播和秋播。

春播于播种前整好育苗床（大田），灌足底水，待土壤松散时开深 3～4 厘米的沟，将催芽后的种子均匀撒入沟内。行距 25 厘米，覆土 2～3 厘米，稍镇压。

秋播不需要催芽。在整理好的育苗地开深 4～5 厘米的沟，行距 25 厘米，把消毒的种子均匀撒入沟内，覆土 3～4 厘米，稍镇压，灌水，在土壤结冻前灌足冻水。

蒙古扁桃的幼苗对水分要求不严，无需特殊管理。

容器点播：育苗地选择地势平坦、避风向阳、灌溉方便的土地，育苗前将土地耙平、作畦、打埂、覆盖薄膜备用。营养钵选择 10 厘米×15 厘米的杯状塑料容器；基质配制为壤土、细沙土、腐熟羊粪以 7∶3∶1 的体积比搅拌均匀，搅拌时喷 3% 硫酸亚铁水溶液进行消毒，所装基质土应低于营养钵体 1.5～2.0 厘米。将装好基质土的营养钵整齐摆放在薄膜上，营养钵应相互挤紧。摆满苗床后，靠近步道的两侧打土棱以防侧倒，营养钵摆放宽度以 1 米左右为宜。播种前 3 天浇水 1 次，水量以浇透营养钵为宜，待营养钵中水渗下去后播种。每个营养钵播 2～3 粒催芽的种子，播后覆细沙土，厚度 1.5～2.0 厘米，土面与钵口基本持平，营养钵之间的空隙用沙土填实。当蒙古扁桃苗生长到 5 厘米左右时开始间苗和补苗，每个营养钵留 1 株健壮幼苗。每 20 天左右清理 1 次杂草。浇水则根据土壤含水情况确定。

（3）栽植

移栽一般在翌年春季的 3—4 月，即植株未萌芽前。当然，如果是用于绿化，只要措施得当，随时可以移栽。株行距因用途不同则疏密不同，如造林株行距一般为 2 米×（4.5～6.0）米。移栽时依照放线-定点-挖坑的程序，坑穴规格为 50 厘米×50 厘米×50 厘米。裸根苗每穴放 2～3 株，营养钵苗每穴 1～2 株，顺展根部，覆土至根茎部位，将土壤压实，及时浇水。之后再浇两次缓苗水。

6. 采收

蒙古扁桃种子成熟期在 7—8 月，一般 7 月下旬便可开始采收，采收时要选择充分成熟、无病虫害、形状规则的种子。采收后去除果肉，于通风处阴干，然后装入编织袋，放在通风干燥处贮藏。

（三）柠条锦鸡儿

1. 概述

柠条锦鸡儿（*Caragana korshinskii*）为豆科锦鸡儿属灌木，别名柠条、白柠条、毛条，分布于陕西、山西、内蒙古、宁夏、甘肃、新疆等地。柠条锦鸡儿生命力强，抗严寒酷热、耐干旱、耐瘠薄，是改善生态环境的先锋植物。柠条锦鸡儿株丛高大，枝叶稠密，产草量高，粗蛋白含量高，是荒漠地区良好的饲用植物；枝条含有油脂，燃烧不忌干湿，是良好的薪炭材料；根、花、种子均可入药，具有滋阴养血、通经、镇静等功效；开花繁茂，是很好的蜜源植物；木纤维长、韧性强，是很好的造纸原材料。柠条锦鸡儿用途广泛，是西部生态环境建设、防沙治沙、发展农业畜牧业的优选灌木，集中加工时可以进行多产品的开发，提高收益。

2. 植物特征

株高 1～5 米，树干基部直径 3～4 厘米。老枝金黄色，有光泽；嫩枝灰黄色，具条棱，密被白色柔毛。长枝上的托叶宿存并硬化成针刺，长 5～7 毫米，有毛；羽状复叶，小叶 6～8 对，灰绿色，倒披针形或矩圆状披针形，先端有刺尖，两面密被绢毛。花单生，长约 25 毫米；花梗密被短柔毛，中部以上有关节；花萼钟状，密被伏贴短柔毛；花冠黄色。荚果披针形或矩圆状披针形，略扁，革质，深红褐色，顶端短渐尖，近无毛。花期 5 月，果期 6 月。

3. 生长习性

高大旱生灌木或小乔木状。散生于荒漠带和荒漠草原带的流动沙丘及半固定沙地。柠条锦鸡儿对环境条件具有广泛的适应性，其抗旱性、抗热性、抗寒性和耐盐碱性都很强，在 $-32\ ℃$ 的低温下能安全越冬，地温高达 $45\ ℃$ 时也能正常生长，能适应 pH 为 $6.5\sim10.5$ 的土壤环境。与其他多年生牧草相同，柠条锦鸡儿播种当年地上部分生长缓慢，第 2 年生长加快；但其具有很强的萌发力与再生性，平茬后一个株丛能萌蘖出 $60\sim100$ 个枝条，平茬当年枝条可长 1 米以上。柠条锦鸡儿还具有寿命长的特点，种植后可生长几十年甚至上百年。

4. 利用方式

（1）饲用

柠条锦鸡儿为中等饲用植物，枝叶繁茂，再生能力强，产草量高，枝条含粗蛋白 8.67% 以上，且其粗蛋白中含有丰富的氨基酸，但粗纤维、木质素含量高，适口性较差。生产中采用物理、生物、化学等处理技术进行加工后可克服以上缺点，可取代部分豆饼类蛋白饲料，降低饲养成本。如将柠条植株粉碎加工制成草粉及颗粒状、饼状、块状饲料，也可通过氨化、微贮、膨化等技术，改善柠条的适口性，增加可溶性成分和可消化吸收成分含量。

柠条锦鸡儿一年四季均可放牧利用，春季萌芽早，枝梢柔嫩，羊和骆驼喜食；春末夏初，连叶带花都是牲畜的好饲料；夏、秋季采食较少，初霜期后又喜食；特别是冬季雪封草地或遇特大干旱时，就成为骆驼和羊唯一啃食的"救命草"。所以，柠条锦鸡儿是干草原、荒漠草原和荒漠上长期自然选择和人工选择出的优良饲用植物。

（2）生态用

柠条锦鸡儿是治理水土流失和退化沙化草场的先锋植物，是水土保持、防风固沙的优良树种。其根系发达，枝叶繁茂，对恶劣环境条件具有广泛适应性，在流动沙地种植柠条后会形成半固定、固定灌丛沙堆，据研究发现，一丛柠条可以固土 23 米^3，可截留雨水 34%，减少地面径流 78%，减少地表冲刷 66%，因而具有保持水土和涵养水源的作用。柠条林带、林网能够削弱风力，降低风速，林网保护区内土壤的风蚀作用变为沉积，土粒相对增多，再加上林内大量枯落物堆积，腐殖质、氮、钾含量增加，沙土容重变小，且柠条锦鸡儿的根瘤菌能固定空气中的游离氮，增加土壤含氮量，因而具有改良土壤的作用。用柠条与其他牧草结合建立灌丛草场通常是生态综合治理和畜牧业基础建设的重要措施之一。柠条锦鸡儿在经济效益和防护效益上所发挥的巨大作用，越来越引起人们的高度重视。

（3）基质用

柠条锦鸡儿富含多种矿物质，粗蛋白和粗纤维含量较高，是栽培食用菌的理想材料。平茬是柠条锦鸡儿更新复壮的有效手段，一般3～5年需平茬一次，平茬后能萌生更多新枝条且生长速度快，平茬间隔时间越短，生物量越大。对于具有丰富柠条锦鸡儿资源的地区，用柠条锦鸡儿干枝作为栽培食用菌的原料具有丰富、廉价、易取的特点。目前，用柠条锦鸡儿干枝作基质在香菇、平菇、金针菇、黑木耳、白灵菇等木腐菌菇种上已获得成功，并形成了一套成熟的栽培技术。经过食用菌对柠条锦鸡儿中木质素的降解，其菌渣还可以加工成高蛋白生物饲料或进一步循环用作黄瓜、西红柿等大棚蔬菜的基质。有研究人员以黄瓜为试材，发现合理配比柠条锦鸡儿与蘑菇渣堆肥复配基质，可替代60%草炭，且其在理化性状方面符合育苗要求，育出的黄瓜幼苗质量优于传统的草炭基质。陈慧玲等研究了柠条锦鸡儿生物炭替代草炭土用于无土栽培基质的可行性，发现柠条锦鸡儿生物炭具有强大的吸附能力和丰富的孔隙结构，在一定程度上可以替代草炭土，从而尽可能减少不可再生草炭土的过度开发利用。

（4）造纸用

柠条锦鸡儿木纤维较长，韧性强，用其作原料可以造牛皮纸、瓦棱纸、黄板纸、包装纸、卫生纸、新闻纸等。也可用其造纤维板，抗力大，强度高，弹性强，有消声、绝缘、隔热、保暖等功能，是上等的建筑用材和实惠的民用家具材料。用柠条锦鸡儿造的纸质量低于乔木浆纸，高于草浆纸，利用柠条锦鸡儿枝干造纸，开辟了造纸原料来源，可为国家节约大量木材。

（5）其他用途

除以上所述，柠条锦鸡儿还有很多利用价值有待开发。柠条锦鸡儿的枝干含有油脂，外皮有蜡质，干湿均能燃烧，火力强，其热值是标准燃料苯甲酸热值的 71%，是良好的薪炭材。柠条锦鸡儿种子含油，可提炼工业用润滑油，干馏的油脂是治疗疥癣的特效药；茎皮含有纤维，能代替麻制品，如制"毛条麻"，供搓绳、织麻袋等用。柠条锦鸡儿花期长，泌蜜期也较长，是很好的蜜源植物。

5. 栽培技术

柠条锦鸡儿有直播和育苗移栽两种栽培方式，降水较好的地区多采用直播方式，干旱地区则采用育苗移栽方式，直播可参照小叶锦鸡儿栽培技术，下面着重介绍育苗移栽技术。

（1）选地与整地

选择地形平缓、排水良好、浇水方便的沙质壤土作为苗床。播种前先翻耕土地，耙细整平，清除杂物。有条件的可在耕翻时施入有机肥作为基肥。筑高畦床，畦高 30～40 厘米，畦宽 1～2 米，畦长依地形和灌溉条件而定。

（2）育苗

用 50℃温水浸泡种子 4～6 小时，播种时种子与沙以 1∶2 的比例混合。条播，行距 30～40 厘米，播深 2～3 厘米，浅覆土。播种量 2～3 千克/亩。

（3）苗期管理

通常情况下，播种 10 天左右开始出苗，在苗高 2～3 厘米时进行第 1 次中耕除草，除草时注意避免伤害幼苗。

（4）移栽

育苗第 2 年出圃移栽。穴深 5～10 厘米，每穴 2～3 株幼苗，顺展根部，覆土至根茎部位，将土壤压实。

（5）抚育管理

柠条锦鸡儿幼苗期生长缓慢，此时应实行严格的禁牧制度。到第 4 年可平茬，以提高柠条锦鸡儿萌蘖能力，平茬通常选择在立冬至翌春（土壤解冻前），留茬高度为 10～15 厘米。成林后的主要管理措施是平茬，每 3 年平茬 1 次，目的是促进柠条锦鸡儿更新复壮，延长寿命。

（6）病虫害防治

种实害虫是柠条锦鸡儿最严重的虫害，如柠条豆象、柠条小蜂、柠条荚螟、柠条象鼻虫等，虫害发生时期不同则用药不同。花期发生虫害喷洒 1 000 倍硫磷液毒杀成虫，5 月下旬发生虫害喷洒 1 000 倍磷铵液毒杀幼虫，并兼治种子小蜂、荚螟等害虫。病虫害防治应以预防为主，在播种前可用 60～70 ℃水泡种子 5 分钟以杀死幼虫，打捞漂浮种子焚毁。

6. 采收

柠条种子成熟期不一致，且具有裂荚特性，因此宜随熟随采。当荚果果皮变硬呈黄棕色，果荚里有 2～3 粒种子呈米黄色即可采种。采收荚果后应及时干燥、脱粒，种子放置在通风干燥处保存。

（四）小叶锦鸡儿

1. 概述

小叶锦鸡儿（*Caragana microphylla*）为豆科锦鸡儿属灌木，又名柠条、连针，分布于我国东北、华北、山东、陕西、山西、宁夏、甘肃和内蒙古。在内蒙古小叶锦鸡儿是典型草原带标志种，其生态幅广，且随着地理和生态环境的不同，外形会发生较大变化，如小叶的形状、大小，毛的多少和有无，花的大小，花梗的长短等。

小叶锦鸡儿的根可入药，蒙药名为阿拉坦-哈日根，收载于《蒙药正典》《无误蒙药鉴》等历史文献；也是朝鲜族民间常用药材，被朝医称为骨担草。除此之外，小叶锦鸡儿还可用于饲草、绿化、绿肥及固沙和保持水土。

2. 植物特征

株高 40～150 厘米。老枝灰黄色或黄白色，小枝黄白色至黄褐色，具棱，被毛，直或弯曲。长枝上的托叶宿存硬化呈针刺，长5～8毫米，微弯；羽状复叶，小叶5～10对，倒卵形或倒卵状长圆形，绿色，革质，先端有刺尖。花单生，花萼管状钟形，花冠黄色。荚果圆筒形，稍扁，长4～5厘米，宽4～5毫米，顶端锐尖，绿色至深红褐色。

3. 生长习性

广幅旱生灌木。小叶锦鸡儿喜光，耐干旱，耐贫瘠，生于草原区的高平原、平原及沙地、森林草原区的山地阳坡、黄土丘陵。在沙砾质、沙壤质或轻壤质土壤的针茅草原群落中形成灌木层片，并可成为亚优势成分。在群落外貌上十分明显，成为草原带景观植物，组成了一类独特的灌丛化草原群落。这种景观是蒙古高原上植被的一大特色。花期5—6月，果期7—8月。

4. 利用方式

（1）药用

蒙医和朝医都有将小叶锦鸡儿根入药的习惯，蒙医认为小叶锦鸡儿的根味甘、微辛，性微温，具有清肺益脾、祛痰止咳、活血通脉、祛风除湿、补气益肾、续筋接骨、生肌止痛、清热散肿等功效。朝医则认为小叶锦鸡儿的根味苦性寒，具有活血化瘀、祛风湿、强心、镇静、利尿、消炎等功效，民间多用于治疗骨髓炎、风湿性关节炎、高血压、妇科疾病等。蒙医不仅用其根，全草均可入药使用。花能降压，主治高血压。全草能活血调经，主治月经不调。种子能祛风止痒、解毒，主治神经性皮炎、牛皮癣、黄水疮等。种子入蒙药，蒙药名为五日和-哈日嘎纳，能清热，消"奇哈"，主治咽喉肿痛、高血压、血热头痛、脉热。现代医学研究发现，小叶锦鸡儿主要含有黄酮类、三萜类、甾醇类、有机酸及其酯类、生物碱等化合物，具有抗肿瘤、抗炎镇痛、抗心律失常、抗菌、抗氧化及提高免疫力等药理作用，是非常有开发意义的民族药材。

（2）饲用

小叶锦鸡儿是良好的饲用植物。绵羊、山羊及骆驼均喜食其嫩枝，春末则喜食其花。牧民认为它的花营养价值高，有抓膘作用，能使冬后的瘦弱家畜迅速肥壮起来。马、牛则不喜食。花期时测定其营养成分，干物质含量 90%、粗蛋白 19.18%、粗脂肪 3.69%、粗纤维 27.13%、无氮浸出物 34.79%、粗灰分 5.21%、钙 1.14%、磷 0.22%。小叶锦鸡儿不仅枝梢和叶可作饲草，其种子还可作精料，且粗蛋白品质较好，含有丰富的家畜必需氨基酸。小叶锦鸡儿仅用于自由放牧会造成过度放牧或缺乏适当的更新引起老化、退化。为了有效利用及合理保护资源，可以结合平茬更新加工粉质饲料，不仅能解决冬季缺草期牲畜的饲养问题，还能使植株得以更新复壮。

（3）生态及绿化用

小叶锦鸡儿根系发达，具有耐风沙、耐干旱、耐寒冷、耐贫瘠等抗逆性很强的生物学特性，是很好的防风固沙灌木树种，在沙丘植被重建及沙漠化防治中起着重要的作用。小叶锦鸡儿株形优美，花黄色，先开花后长叶，开花时艳丽醒目，在北方城市绿化中可丛植、孤植。

5. 栽培技术

小叶锦鸡儿栽培可采用直播或育苗移栽的方法。生产中大面积种植小叶锦鸡儿一般都采用直接播种，很少育苗移栽。直播的方法有穴播、条播、撒播等，可依据不同环境选择适宜的播种方法。小叶锦鸡儿播种时间一般在 5—6 月。沙质土壤地区在雨前播种或第一场透雨后播种，黏重土壤地区雨后抢墒播种。

穴播法：适宜固定、半固定沙地和平坦撂荒地，不需要提前整地。株行距 1 米×1 米、1.5 米×1.5 米或 1 米×2 米等均可，穴深 4～5 厘米，长宽均为 10～15 厘米，每穴放种子 10～15 粒，覆土 3 厘米左右，稍镇压。在 30°以上的陡坡种植小叶锦鸡儿时，可沿等高线从上往下，按株行距均为 1 米，挖深 30 厘米、宽 30 厘米、长 50 厘米的穴，再在穴下做一小土垄，点种子于垄坡上，这样不仅可以蓄水，还能防止幼苗被淤泥掩埋。

条播法：适宜在沟头、地畔、崾边、梯田埂下坡及固定、半固定沙地等营造防风固沙林带时采用。先沿等高线每隔 1 米、2 米或

3 米挖宽 20 厘米的线沟，疏松土壤，进行条播，覆土 2 厘米，稍镇压，用种量因带间距不同而不同。

6. 采收

小叶锦鸡儿以三年生枝条在结实中期营养价值最高，可结合平茬更新采收加工绿色粉质饲料。

小叶锦鸡儿种子采收时间为 8 月中下旬。当荚果由软变硬，果皮稍干时即可采收。采收后及时晾晒，干燥脱粒，去除杂物。种子放置在通风干燥处保存，保存期间注意防潮、防虫。

（五）苍耳

1. 概述

苍耳（*Xanthium strumarium*）为菊科苍耳属一年生草本。此植物的总苞具钩状的硬刺，常贴附于家畜和人体上，故易于散布，也因此得名羊负来。我国人民利用苍耳有着悠久的历史，《诗·周南·卷耳》中就有"采采卷耳，不盈顷筐"的诗句，当时的人们采集苍耳作为野菜食用。苍耳带总苞的果实可入药，药材名为苍耳子，能散风祛湿、通鼻窍、止痛、止痒等。苍耳分布广泛，是一种常见的田间杂草，其无明显的道地性。正如《广群方谱》中所述："药至贱而为世要用，未有若苍耳者，他药虽贱或地有不产，惟此药不问南北夷夏，山泽斥卤，泥土沙石，但有地则产。"本品属常销药品，并有出口，作为中成药生产原料用量逐年增多，目前供给多为野生苍耳。

种子可榨油，苍耳子油与桐油的性质相仿，可掺和桐油制油漆，也可作油墨、肥皂、油毡的原料，又可制硬化油及润滑油；果实供药用。此种有 1 变种。

2. 植物特征

株高 20～60 厘米。茎直立，下部圆柱形，上部有纵沟，被灰白色糙伏毛。叶三角状卵形或心形，长 4～9 厘米，宽 5～10 厘米，不裂或 3～5 浅裂，先端尖或钝，基部近心形或截形，与叶柄连接处呈相等的楔形，具 3 基出脉，侧脉弧形，直达叶缘，上面绿色，下面苍绿色，被糙伏毛；叶柄长 3～11 厘米。雄性头状花序球形，总苞片长圆状披针形，雄花多数，花冠钟形；雌性头状花序椭圆形，外层总苞片披针形，内层总苞片宽卵形或椭圆形。瘦果成熟时变坚硬，绿色、淡黄绿色或有时带红褐色，连同喙部长 12～15 毫米，宽 4～7 毫米，外面被疏生钩状刺，喙坚硬、锥形；瘦果 2 个，倒卵形。

3. 生长习性

中生田间杂草。生于田野、路边，可形成密集的小片群聚。生长于平原、丘陵、低山、荒野等处或干旱山坡或沙质荒地，对土壤要求不严，耐旱、耐涝、耐盐。产于内蒙古各地。遍布我国各地，为世界分布种。花期 7—8 月，果期 9—10 月，果实不易脱落。种子有休眠性，越冬后可萌发。

4. 利用方式

（1）药用

苍耳以干燥成熟带总苞的果实入药，药名为苍耳子。苍耳子味苦、性辛温，有毒，归肺经；具有散风寒、通鼻窍、祛风湿的功效；常用于治疗风寒头痛、鼻塞流涕、鼻衄、鼻渊、风疹瘙痒、湿痹拘挛等。苍耳中主要含有挥发油、脂肪酸、酚酸类、木脂素类、倍半萜内酯类、噻嗪双酮杂环类等多种化学成分，具有抗炎镇痛、抗菌、抗病毒、降血糖、降血脂、抗肿瘤等药理作用，临床应用广泛。但苍耳子有微毒，临床中也常出现因苍耳子或苍耳子炮制品使用不当而中毒的现象，对肝、肾等脏器均有损伤。

（2）其他用途

苍耳子的茎皮制成的纤维可以做麻袋、麻绳。苍耳子油是一种高级香料的原料，并可做油漆、油墨及肥皂、硬化油等。苍耳种子含油率在 10.5%～31.7%，出油率在 10.5%～19.5%，苍耳油脂肪酸组成中亚油酸含量达 60.9%～82.5%，是一种很理想的高级食用油。甘肃部分地区有食用苍耳油的习惯。

5. 栽培技术

苍耳为一年生植物，主要用种子繁殖，直播或育苗移栽均可，一般采用直播的方式繁育。

（1）选地与整地

直播宜选择疏松肥沃、排水良好的沙质壤土，播种前深耕耙耱平整，耕翻时可同时施入适量农家肥。

（2）播种

播种时间一般在 4 月下旬或 5 月上旬。穴播，株行距 45 厘米×45 厘米，穴深 5～8 厘米。苍耳果壳有钩刺且较坚韧，种子不易剥出，故以果实播种。每个果实内有 2 粒种子，每穴播 5～7 粒果实。播种后及时覆土镇压。

（3）田间管理

苗高 10 厘米时进行中耕除草、间苗和补苗，每穴留苗 2～3 株。每年松土除草 2～3 次，结合除草追施人粪尿或尿素。

6. 采收

在 9—10 月，果实由青转黄，叶大部分脱落时可收获。选择晴天，刈割全株，用打谷工具把果实打下，捡去粗梗残叶，晒干，筛去灰渣，去净杂质即可。

（六）蒺藜

1. 概述

蒺藜（*Tribulus terrestris* L.）为蒺藜科蒺藜属一年生草本，其干燥成熟果实可入药，具有平肝明目、散风行血的作用。《本草纲目》释名："蒺，疾也，藜，利也，其刺伤人甚疾而利也。"我国及世界温带各地均有分布，作为药材主产于河南、河北、山东、安徽等地。内蒙古、山西、黑龙江、辽宁、湖南、湖北、四川、江苏、云南等地亦产。全国均有销售。蒺藜青鲜时也可作饲料用，但其果刺易黏附于家畜毛间，损害皮毛质量，为草场有害植物。

2. 植物特征

全株被绢状柔毛。茎从基部分枝、平铺地面，深绿色到淡褐色，长可达 1 米多。双数羽状复叶，对生，矩圆形，顶端锐尖或钝，基部稍偏斜，上面深绿色、平滑，下面色略淡、被毛较密。萼片卵状披针形，宿存；花瓣倒卵形，雄蕊 10 枚；子房卵形，有浅槽，凸起面被长毛；柱头 5 个，花柱单一，短而膨大。果实由 5 个果瓣组成，每果瓣具 2 对棘刺，长短各 1 对，背面具短硬毛及瘤状突起。

3. 生长习性

中生杂草。生于荒地、山坡、路旁、田间、居民点附近，在荒漠区亦见于石质残丘坡地、白刺堆间沙地及干河床边。分布于内蒙古各地。花果期 5—9 月。喜温暖湿润气候，耐干旱，怕涝。多雨地区及黏土、洼地均不宜栽种。

4. 利用方式

蒺藜辛、苦，性微温，归肝经，有微毒。具有平肝明目、散风行血的功效，主治头痛、皮肤瘙痒、目赤肿痛、乳汁不通等。其果实也能入蒙药，蒙药名为伊曼-章古，具有补肾助阳、利尿消肿的作用，主治阳痿肾寒、淋病、小便不利等。在藏药中常将蒺藜和青稞等按一定比例制成药酒，具有舒经活络、强健筋骨的保健作用，还用于治疗月经不调、白带异常、耳鸣等。

蒺藜中主要成分有甾体皂苷、生物碱、多糖、黄酮、氨基酸等。蒺藜主要具有影响心血管系统、血液等作用。现代医学常用于治疗冠心病、心绞痛、脑梗死、牙齿敏感、膀胱刺激征、神经性皮炎、荨麻疹、厌食症、根骨骨刺等，蒺藜中还有硝酸钾，在临床应用中鲜有不良反应报道，用药安全。蒺藜总皂苷具有抗衰老作用，可抑制老年斑、雀斑的产生，在化妆品开发方面有潜在价值。

蒺藜提取物能增进蛋白质的合成，维持氮的平衡，具有促进肌肉强壮的作用，并能迅速缓解肌肉紧张。蒺藜提取物作为一种无激素的物质，可作为运动员的重要补充物，目前在美国健美业、举重队、职业篮球队已有应用。

5. 栽培技术

主要采用种子繁殖。

（1）选地与整地

选择不宜积水的沙质土壤，种植前进行深翻，耙细耱平备用。

（2）播种

蒺藜果壳坚硬，播种前需碾磨果实，使果瓣分离，磨去果刺，再进行播种。作高畦，株行距 50 厘米×40 厘米，穴深 10 厘米，每穴播种子 5～6 粒。覆土、镇压。

（3）田间管理

幼苗高 6～8 厘米时需间苗，间去密苗和弱苗，缺株的补苗，并及时松土除草。5 月开花前施氨肥 1 次，增施过磷酸钙。

6. 采收

当果实变成黄白色、70％～80％成熟时，刈割全株，晾晒脱粒。

三、具有诱人芬芳的植物

（一）百里香

1. 概述

百里香（*Thymus mongolicus* Ronniger）为唇形科百里香属植物，俗称地角花、地椒叶、千里香。半灌木，叶为卵圆形，花序头状，花萼管状钟形或狭钟形，花冠紫红、紫或淡紫、粉红色，花期 7—8 月，小坚果近圆形或卵圆形。可作为食材，还是欧洲烹饪常用香料，味道辛香，用来加在肉、蛋或汤中。

2. 植物特征

茎多数，匍匐至上升；营养枝被短柔毛；花枝长达 10 厘米，上部密被倒向或稍平展柔毛，下部毛稀疏，具 2～4 对叶。叶卵形，长 0.4～1.0 厘米，宽 2.0～4.5 毫米，先端钝或稍尖，基部楔形，全缘或疏生细齿，两面无毛，被腺点。花序头状；花萼管状钟形或窄钟形，长 4.0～4.5 毫米，下部被柔毛，上部近无毛；上唇齿长不及唇片 1/3，三角形；下唇较上唇长或近等长；花冠紫红、紫或粉红色，长 6.5～8.0 毫米，疏被短柔毛，冠筒长 4～5 毫米，向上稍增大。小坚果近球形或卵球形，稍扁。

3. 生长习性

生长在多石山地、斜坡、山谷、山沟、路旁及杂草丛中；海拔1 100～3 600米均可生长。花期7—8月。在我国甘肃、陕西、青海、山西、河北、内蒙古等大部分地区均有分布。

4. 利用方式

百里香的气味芳香浓郁，被当作香料、蔬菜和蜜源植物已有很长的历史。当烹调海鲜和其他肉类等食物的时候，用少量的百里香粉就能够去除其中的腥味，使菜肴变得更加美味。将百里香作为食物香料放入泡菜与腌菜中，可以增添菜品的清香和草香味。百里香中的碳水化合物、蛋白质、维生素C和硒、铁、钙、锌的含量均比普通蔬菜高，特别是百里香里所含的大量挥发性的成分，其食用营养价值同样很高。百里香的花蜜浓度很高，并且其中还包含丰富的氨基酸，对人体有极大的好处。

5. 栽培技术

播种育苗的时间应选择在3—4月。百里香的种子较小，育苗时要将土壤细整，尽量把土弄碎弄平，用适度的力将土压实，浇水后进行播种，再在撒播后的种子上覆盖一层细土，最后用塑料薄膜覆盖帮助保温保湿。10～12天可以出苗，温度适宜时将薄膜揭除。苗期时若发现根部有杂草应及时清除，还需保证土壤的湿润。

扦插方法成活率很高，植株极易发根。可剪取5厘米左右的带顶芽的枝条进行扦插，如选择已木质化的和无顶芽的枝条进行扦插，即使成活也将发根缓慢，根群稀疏。扦插选择在直径2厘米左右的纸筒苗盘中进行，对成活后的移植更有利。

分株法要选取三年生以上的植株进行。时间选择在3月下旬或4月上旬还未出芽的时候。具体方法是连根挖出母株，视株丛的实际大小将其分为4～6份，每份确保留芽4～5个，然后进行栽植。

6. 植物文化

元朝的《居家必用事类全集》中，记有把百里香加入驼峰驼蹄调味。李时珍《本草纲目》记载："味微辛，土人以煮羊肉食，香美。"

欧洲传统认为百里香象征勇气，所以中世纪经常用它赠给出征的骑士。

（二）大花荆芥

1. 概述

大花荆芥（*Nepeta sibirica* L.）为唇形科荆芥属多年生草本。其地上部分可入药，味甘，性寒，具有清热明目、解毒的功效，多用于治疗目赤肿痛、口舌生疮、牙痛等。地上部分还含芳香油，可作化妆品香料。其花大美观，在欧洲早就作为观赏植物引入栽培，但我国对其的研究报道并不多。该物种主要分布于我国内蒙古、宁夏、甘肃、青海、新疆，《甘肃中草药手册》中对其药用价值有所记载。

2. 植物特征

株高 20～70 厘米。茎多数，直立或斜升，四棱形，下部常带紫红色，被微柔毛，混生有小腺点。叶披针形、矩圆状披针形或三角状披针形，长 1.5～9.0 厘米，宽 1～2 厘米，先端锐尖或渐尖，基部近截形或浅心形，叶缘锯齿状，上面疏被微柔毛，下面密被黄色腺点和微柔毛，沿脉网被短柔毛，脉在上面稍下陷，下面明显隆起；茎下部叶柄较长，向上变短。轮伞花序疏松排于茎顶部，长度 4～13 厘米，下部具明显的总梗，上部渐短；苞叶向上变小，披针形；苞片钻形，长为萼长 1/4～1/3，被毛；花梗短，密被腺点。花萼长 9～10 毫米，外密被短柔毛及黄色腺点，喉部极斜；上唇 3 裂，裂至本身长度 1/2，裂片三角形，先端渐尖；下唇 2 裂至基部，披针形，先端锐尖。花冠蓝色或淡紫色，长 2～3 厘米，外疏被短柔毛和腺点，冠筒近直立；冠檐二唇形，上唇 2 裂，下唇 3 裂，中裂片肾形，先端具深弯缺，侧裂片矩圆形；雄蕊 4 枚，后对雄蕊略长于上唇。成熟小坚果倒卵形，腹部略具棱，光滑，褐色。花期 8—9 月。

3. 生长习性

中生草本。生于荒漠带和草原带的山地林缘、沟谷草甸。在内蒙古产于阴山、阴南丘陵、贺兰山，海拔 1 750～2 650 米均可生长。

4. 利用方式

大花荆芥花蓝紫色，花冠大而美观，株型整齐，在欧洲早就作为观赏植物引入栽培。荆芥属植物均具有强烈的芳香气味，植株地上部分含有的芳香油可用作化妆品香料，其叶片也可作为调味料用于食物的制作。

5. 栽培技术

大花荆芥繁殖可选择种子直播或育苗移栽的方法。

（1）选地与整地

选择肥沃的壤土，地势以平坦为好。于头年秋季深耕 20～25 厘米，翻耕时每亩施入 2～3 吨农家肥，清除杂物，耙耱平整。第 2 年春季再耕一次，荆芥种子细小，所以土地一定要平整。

（2）播种

直播行距 25 厘米，播深 0.5～1.0 厘米，覆土 0.5 厘米，播种时种子与细沙以 1∶2 的比例混匀，覆土后稍镇压。播种量 0.5 千克/亩。

育苗移栽要作畦浇水，播种前镇压，采用撒播，播种后再覆细土，以盖住种子为宜，播后镇压，为保持畦面湿度，可用草帘覆盖。苗高 6～7 厘米时，按株行距均 5 厘米间苗；苗高 15 厘米时可移栽，株行距 15 厘米×20 厘米。

（3）田间管理

苗期注意保持土壤湿润。苗高 6～7 厘米时除草、间苗、补苗，保证苗全。移栽后视土壤板结和杂草情况及时中耕除草 1～2 次。大花荆芥喜氮肥，为了茎秆粗壮，应适当追施磷钾肥。

6. 采收

采收植株：在 8—9 月，花开到顶、穗绿时于晴天刈割，留茬高度为 4～5 厘米。采割后当天摊放晾晒，避免穗变黑。晒至半干绑成小捆，再晒至全干。

采食叶片：选择植株上部嫩叶采摘。

采收种子：在花序 80％变黄时全株刈割，晾干收种。

（三）芍药

1. 概述

芍药（Paeonia lactiflora Pall.）为毛茛科芍药属多年生草本，俗名为野芍药、土白芍、芍药花、山芍药、山赤芍、金芍药、将离、红芍药、含巴高、殿春、川白药、川白芍、赤药、赤芍药、赤芍、查那-其其格、草芍药、白药、白苕、白芍药、白芍、毛果芍药。芍药以根入药，因炮制方法不同分为白芍跟赤芍两种。白芍有平肝潜阳、柔肝止痛、养血敛阴功效；赤芍主治温毒发斑、吐血衄血、肠风下血、目赤肿痛、痈肿疮疡、闭经、痛经、崩带淋浊、瘀滞胁痛、疝瘕积聚、跌打损伤。

2. 植物特征

多年生草本。根粗壮，分枝黑褐色。茎高 40～70 厘米，无毛。下部茎生叶为二回三出复叶，上部茎生叶为三出复叶；小叶窄卵形、椭圆形或披针形，先端渐尖，基部楔形或偏斜，具白色骨质细齿，两面无毛，下面沿叶脉疏生短柔毛。花数朵，生于茎顶和叶腋，有时仅顶端一朵开放，直径 8.0～11.5 厘米；苞片 4～5 片，披针形，不等大；萼片 4 片，宽卵形或近圆形，长 1.0～1.5 厘米；花瓣 9～13 瓣，倒卵形，长 3.5～6.0 厘米，白色，有时基部具深紫色斑块；花丝长 0.7～1.2 厘米，黄色；花盘浅杯状，仅包心皮基部，顶端裂片纯圆；心皮（2）4～5 个，无毛。蓇葖果，长 2.5～3.0 厘米，直径 1.2～1.5 厘米，顶端具喙。

3. 生长习性

在我国分布于东北、华北、陕西及甘肃南部。在东北分布于海拔 480～700 米的山坡草地及林下，在其他各省分布于海拔 1 000～2 300 米的山坡草地。在朝鲜、日本、蒙古及俄罗斯西伯利亚地区也有分布。在我国四川、贵州、安徽、山东、浙江等省及各城市公园也有栽培，花瓣各色。

4. 利用方式

(1) 药用

以根入药。将芍药根置沸水中煮，煮至芍根变软，表面发白，闻之有香气时取出，晒干或用文火烘干即为白芍。白芍用于治疗血虚萎黄、月经不调、自汗、盗汗、肋痛、腹痛、四肢挛痛、头痛眩晕。将芍药根洗净摊开晾晒至足干，即为赤芍。赤芍苦，微寒；归肝经。

(2) 食用

芍药花瓣可食用。如芍药花粥、芍药花饼、芍药花茶。

(3) 观赏用

芍药花大色艳，观赏性佳，可与牡丹搭配作专类园，也可做切花、花坛用。

(4) 其他用途

种子含油量约 25%，供制皂和涂料用。

(5) 文化载体

芍药被人们誉为"花仙"，自古就作为爱情之花。在我国的诗歌、绘画中以丰富多彩的形态出现。

5. 栽培技术

主要用分根繁殖（芽头繁殖）和种子繁殖，选择梯田或是倾斜的旱地栽培。芍药是深根植物，且生长期长，故栽前要深翻土地40 厘米～60 厘米，并结合耕翻每亩施入厩肥或堆肥 3 000 千克作基肥，然后耙细整平，作 1.3 米宽的高畦，四周开 30 厘米宽的排水沟，保证雨季芍药园不积水，减少根部病害的发生。

种子繁殖一般需要 3 年才能开花，4～5 年方能收药，时间较长。用芽头繁殖，2～3 年即可收药。芽头繁殖方法：采收时，先切下芽头以下的粗根作药用，将芽头按自然生长形状切开，每块具2～3 个芽头，厚 2～3 厘米，多余的切除。芽头切开后，稍晾 1～2天，待伤口愈合呈玫红色时栽植。分秋栽和春栽。秋栽以秋分前后为宜，春栽在谷雨前后。秋栽较春栽好，秋栽先长根后发芽，成活率高；春栽先发芽后长根，成活率低。栽前在整好的地内开沟作埂，埂高 20 厘米左右，行距 40～50 厘米，在埂上按 30～40 厘米开穴，将芽头向上放入穴内，覆土 5～6 厘米，栽好后顺沟浇水，以能淹湿种秧为度。春栽半月左右出苗，秋栽当年不出苗，翌年春天才出苗。每亩需芽头 4 000～4 500 个。

6. 采收

栽培 2～3 年后，于秋分前后收获。先割去地上茎叶，用铁锹在根旁深挖，将根全部挖出（防止断根），稍晾干，然后去净泥土，切下根茎（芽头）作种苗。根按粗细分为大、中、小三等，以待加工。用利刀斜着切成 2 毫米厚的薄片，晾干。

（四）毛百合

1. 概述

毛百合（*Lilium dauricum* Ker - Gawl.）为百合科百合属多年生草本植物，可作花坛、花境，也可植于林缘或岩石石园，常做切花。鳞茎营养十分丰富，具有润肺止咳、清心安神等功效，可供食用、酿酒或作药用，是一种食用和药用价值极高的植物。

2. 植物特征

鳞茎卵状球形，高约 1.5 厘米，直径约 2 厘米；鳞片宽披针形，长 1.0～1.4 厘米，宽 5～6 毫米，白色，有节或无节。茎高 50～70 厘米，有棱。叶散生，在茎顶端有 4～5 枚叶片轮生，基部有一簇白绵毛，边缘有小乳头状突起，有的还有稀疏的白色绵毛。苞片叶状，长 4 厘米；花梗长（1.0～）2.5～8.5 厘米，有白色绵毛；花 1～2 朵顶生，橙红色或红色，有紫红色斑点；外轮花被片倒披针形，先端渐尖，基部渐狭，长 7～9 厘米，宽 1.5～2.3 厘米，外面有白色绵毛；内轮花被片稍窄，蜜腺两边有深紫色的乳头状突起；雄蕊向中心靠拢；花丝长 5.0～5.5 厘米，无毛，花药长约 1 厘米；子房圆柱形，长约 1.8 厘米，宽 2～3 毫米；花柱长为子房的 2 倍以上，柱头膨大，3 裂。蒴果矩圆形，长 4.0～5.5 厘米，宽 3 厘米。花期 6—7 月，果期 8—9 月。

3. 生长习性

毛百合系萌发较早的植物，在寒冷的黑龙江省，幼苗在 4 月下旬土壤刚解冻时即破土萌发。毛百合最适宜生长的环境是路旁、林隙、草甸等土壤及水分条件好、光照充足的地方。当光照强度为 50%～100% 时，毛百合生长最好，植株粗壮，高可达 80～130 厘米，植株每年开花 1～12 朵，果实饱满，地下鳞茎大，基部形成的小鳞茎可多达 6 个。当相对光照为 25% 左右时，毛百合则细弱、较矮，植株开花仅 1～2 朵，虽能结果，但最多为 1 个，且不饱满，种子小，地下鳞茎小，植株在 8 月即开始枯萎。当相对光照仅为 10% 左右时，毛百合植株矮小，不能开花或只能开 1 朵花，不结实，地下鳞茎小，地上部分在 7 月中旬即陆续枯萎。毛百合适宜在含水量为 30%～40% 的土壤中生长，当土壤含水量低于 20% 时，其植株易枯萎或死亡。

产于黑龙江、吉林、辽宁、内蒙古和河北。生于山坡灌丛间、疏林下、路边及湿润的草甸，海拔 450～1 500 米均能生长。朝鲜、日本、蒙古和俄罗斯也有分布。

4. 利用方式

毛百合鳞茎可食用，可以作为蔬菜炒着吃；也可将鳞茎制成干品，熬粥、炖汤时使用。毛百合鳞茎也可药用，具有润肺止咳、清心安神等功效。也常用于园林绿化中，作花坛、花境，或植于林缘或岩石石园，也可做切花。

5. 栽培技术

自然界生长的毛百合主要用种子进行有性繁殖和用鳞茎进行无性繁殖。毛百合种子萌发属子叶留土类型，发芽困难，发芽过程长短差异很大，栽培中多选用鳞茎进行无性繁殖。在种植毛百合前进行种球消毒，将种球放入千分之一的克菌丹、百菌清、多菌灵、高锰酸钾等水溶液中浸泡 30 分钟，取出后用清水冲净种球上的残留溶液，然后在阴凉的地方晾干方可定植。春季和夏季定植，种植深度要求鳞茎顶部距地表 8～10 厘米，冬季为 6～8 厘米。种植密度因品种、鳞茎大小和季节因素而有所不同。春季和夏季可植密一些，冬季阳光较弱应植稀些。在定植后的 3～4 周内土壤温度必须保持 9～13 ℃低温，以促进生根；相对湿度以 80％～85％为宜，应避免太大的波动，否则可能发生叶烧。

6. 采收

应于移栽后的第 2 年立秋前后，当茎叶枯萎时，选晴天挖取。除去泥土、茎秆和须根，将大鳞茎作为商品，小鳞茎留作种用。

加工：先将大鳞茎剥离成片，按大、中、小分别盛放，洗净泥土，沥干水滴，然后投入沸水中烫一下，大片约 10 分钟，小片 5～7 分钟，煮至边缘柔软、背面有极小的裂纹时迅速捞出，放入清水中漂洗去除黏液，再立即薄摊于晒席上暴晒，未干时不要随意翻动，以免破碎。晚间收进屋内平摊晾干，切勿叠放。次日再晒，晒两天后可翻动 1 次，晒至九成干时，用硫黄熏蒸，再晒至全干，遇阴雨天则可用温火烘干。品质以肉厚、色白、质坚、半透明者为佳。

（五）艾

1. 概述

艾（*Artemisia argyi* Lévl. et Van.）为菊科蒿属多年生草本或略成半灌木状，别名为艾蒿、白蒿、甜艾、灸草、蕲艾、荽哈（蒙语）等。植株有浓烈香气。全草入药，有温经、去湿、散寒、止血、消炎、平喘、止咳、安胎、抗过敏等作用。艾叶晒干捣碎得"艾绒"，制艾条供艾灸用，又可作"印泥"的原料。分布于亚洲及欧洲地区。

2. 植物特征

多年生草本，高 20～100 厘米。根状茎细长，横走，具匍匐枝，有多数须根。茎直立，单一，具纵条棱，常带紫褐色，密被灰白色蛛丝状毛，中部以上或仅上部有开展或斜升的短花枝，稀从基部分枝。基生叶与下部叶在花期凋萎，中部叶具短柄或稍长的柄，柄基稍扩展，有条状披针形假托叶或无，叶长 2～9 厘米，宽 1.5～6.0 厘米，一至二回羽状深裂或全裂，侧裂片 2～8 对，裂片菱形、卵形、椭圆形或披针形，先端尖，基部楔形，裂片边缘具粗锯齿或小裂片，上面灰绿色、疏被蛛丝状毛、密布白色腺点，下面密被灰白色或灰黄色蛛丝状毛或毡毛；上部叶渐变小，3～5全裂或不分裂，裂片披针形或条状披针形，无柄。头状花序钟形或矩圆状钟形，长 3～4 毫米，直径 2.0～2.5 毫米，具短梗或近无梗，下垂，多数在枝端排列成紧密而稍扩展的圆锥状；总苞片 4～5 层，密被灰白色或灰黄色蛛丝状毛，外层卵形，内层矩圆状倒卵形，边缘宽膜质。边缘小花为雌花，8～13 个，花冠狭管状锥形，长 1.0～1.5 毫米；中央小花为两性花，9～11 个，花冠管状钟形，长约 2 毫米，红紫色。花托半球形，裸露。瘦果矩圆形，长约 1 毫米。花期 8—9 月，果期 9—10 月。

3. 生长习性

中生植物。分布于中国东北、北部、西部至南部；蒙古、朝鲜、日本也有分布。在森林草原地带可以形成群落，作为杂草常常侵入到耕地、路旁及村庄附近。有时也分布到林缘、林下、灌丛间。

4. 利用方式

全株可入药，能祛寒止痛、温经、止血，主治心腹冷痛、吐衄、下血、月经过多、崩漏、带下、胎动不安、皮肤瘙痒。入蒙药，能消肿、止血，主治痈疮伤、月经不调、各种出血。

艾具有特殊的馨香味，做成枕头有安眠助睡解乏的功效。艾叶熬汁，然后稀释兑水沐浴，可除身上长的小红疙瘩。此外还可以驱蚊蝇、灭菌消毒、预防疾病。艾还用于针灸术的"灸"，"灸"就是拿点燃的艾草去熏、烫穴道。用艾泡脚有很多保健功效，特别是在端午节这天乘着露水采到的艾药效最好。艾还是一种食用植物，可做艾叶茶、艾叶汤、艾叶粥、艾蒿馍馍、艾蒿糍粑糕、艾蒿肉丸等，能增强人体对疾病的抵抗能力。

5. 栽培技术

生产中主要以根茎分株进行无性繁殖，需要注意分株的时间，也可用种子繁殖。一般进行种子繁殖在 3 月播种，根茎繁殖在 11

月移栽。根茎繁殖要作 1.5 米左右宽的畦，畦面做成中间高两边低，似鱼背型，以免积水造成病害。种子繁殖播种前要施足基肥，一般每亩施腐熟的农家肥 4 000 千克，深耕，与土壤充分拌匀，播后即浇一次充足的底水。每年 3 月初越冬的根茎开始萌发，4 月下旬采收第一茬，每公顷每茬采收鲜产品 11 250～15 000 千克，每年收获 4～5 茬。每采收一茬后都要施一定的追肥，追肥以腐熟的稀人畜粪为主，适当配以磷钾肥。生产中要保持土壤湿润。

6. 植物文化

民谚说："清明插柳，端午插艾。"每至端午节之际，人们把插艾和菖蒲作为重要内容之一。家家都洒扫庭除，以菖蒲、艾条插于门楣及悬于堂中以防蚊虫，"避邪却鬼"。并用菖蒲、艾叶、榴花、蒜头、龙船花制成人形或虎形，称为艾人、艾虎；也制成花环、佩饰，美丽芬芳，妇人佩戴用以驱瘴。秆枯后的株体泡水熏蒸可消毒止痒，产妇多用艾水洗澡或熏蒸。

（六）紫穗槐

1. 概述

紫穗槐（*Amorpha fruticosa* L.）为豆科紫穗槐属落叶灌木，俗名为槐树、紫槐、棉槐、棉条、椒条。适应性强，耐干旱、耐瘠薄、耐盐碱、耐水湿、抗洪涝，生长快，繁殖力强，根系发达，具有根瘤菌，能改良土壤。可营造紫穗槐薪炭林、肥料林、水土保持林。

2. 植物特征

落叶灌木，丛生，高 1～4 米。小枝灰褐色，被疏毛，后变无毛，嫩枝密被短柔毛。叶互生，奇数羽状复叶，长 10～15 厘米，有小叶 11～25 片，基部有线形托叶；叶柄长 1～2 厘米；小叶卵形或椭圆形，长 1～4 厘米，宽 0.6～2.0 厘米，先端圆形、锐尖或微凹，有一短而弯曲的尖刺，基部宽楔形或圆形，上面无毛或被疏毛，下面有白色短柔毛，具黑色腺点。穗状花序常 1 至数个，顶生和枝端腋生，长 7～15 厘米，密被短柔毛；花有短梗；苞片长 3～

4毫米；花萼长2～3毫米，被疏毛或几无毛，萼齿三角形，较萼筒短；旗瓣心形，紫色，无翼瓣和龙骨瓣；雄蕊10枚，下部合生成鞘，上部分裂，包于旗瓣之中，伸出花冠外。荚果下垂，长6～10毫米，宽2～3毫米，微弯曲，顶端具小尖，棕褐色，表面有凸起的疣状腺点。花果期5—10月。

3. 生长习性

原产于美国东北部和东南部，系多年生优良绿肥、蜜源植物，耐瘠薄、耐水湿、耐轻度盐碱土，能固氮。现我国东北、华北、西北及山东、安徽、江苏、河南、湖北、广西、四川等省区均有栽培。

4. 利用方式

枝叶作绿肥、家畜饲料；茎皮可提取栲胶；枝条编制篓筐；果实含芳香油，种子含油率10％，可作油漆、甘油和润滑油的原料。栽植于河岸、河堤、沙地、山坡及铁路沿线，有护堤防沙、防风固沙的作用。

5. 栽培技术

紫穗槐播种育苗产苗量高，根系发育好，造林成活率高，成本低，适宜于较大面积育苗。紫穗槐在播前必须进行种子除皮处理。春、夏、秋3季均可播种。春播以土壤解冻后为宜（北方地区一般在3月下旬），播前种子用温水浸种催芽或用碾压法除皮（把干燥带荚的种子摊放在碾台上，摊铺厚5～6厘米，用碾砣压碾去掉荚皮；或一半种子一半细沙混拌压碾脱皮）。秋播在11—12月，种子可不必处理，直接播种。冬播可碾破荚壳。经除皮处理的种子，春播时比带皮的种子提早发芽10天左右。温水浸种催芽：用70℃温水浸种1～2天，刚放入时要搅拌10～20分钟，捞出装入筐笼内，盖上湿布，每天洒温水1～2次，几天后种子膨大，种皮大部分裂开时即可播种。

育苗地以地势平坦、土质肥沃、土层较厚、灌水方便的中性沙壤土为好。一般采用苗床条播法，也可大田播种育苗。苗床条播育苗，垄宽约30厘米，高约15厘米，播种量3～4千克/亩。播前灌足底水后，等 2～3 天即可播种。播后覆土不宜过厚（1.0～1.5 厘米）。

紫穗槐也可采用扦插繁殖。早春以前，将手指粗的枝条截成长 20 厘米左右的小段，每隔 15 厘米插 1 段，每亩出苗 2 万～8 万株。

6. 采收

于 9—10 月进行采种。种子采收后，放在阳光下散开摊晒，每日翻拌几次，5～6 天晒干后，风选去杂，装袋贮藏。

起苗时避免损伤苗根，一般根幅在 20 厘米以上。起苗后要进行选苗分级。为减少苗根失水，要尽快假植。选择不积水的地方，挖 50 厘米深的假植沟。短途运苗也要包装。

割条时间以霜降以后较好。因为此时叶子大部分脱落，根系生长已基本结束，枝条木质化程度高，质量好，利用率高，产量高。在第 2、3 年平茬后要适时壅土培墩，扩大根盘，促使多萌芽多发条，使芽旺条壮。采条后随即用犁在紫穗槐行间翻耕，把枯枝落叶翻到土里作肥，把浮根犁断，使根系往深处下扎。在土壤瘠薄的林地，第 1 次平茬后，就暂停 1～2 年割条以养根，并进行翻地改善土壤条件。风蚀沙荒地上紫穗槐林进行平茬时，要保留 30%～50% 的植株不平茬以作防护带，实行隔带、隔行平茬的轮割法，平茬次数可适当减少。丘陵山坡的紫穗槐林，应沿水平等高方向进行隔带采条平茬。

（七）山刺玫

1. 概述

山刺玫（*Rosa davurica* Pall.）为蔷薇科蔷薇属灌木，俗名为刺玫果、刺玫蔷薇、墙花刺，花粉红色并有香味，可栽培供观赏及提取芳香油之用，并可作为嫁接各种玫瑰的砧木。果肉多浆，味酸，可食。花入药治吐血、血崩、月经不调；果入药治消化不良、食欲不振、小儿食积；根入药治慢性支气管炎、肠炎、细菌性痢疾、功能性子宫出血、跌打损伤等。根、茎皮和叶含鞣质，可提制栲胶。

2. 植物特征

直立灌木。小枝无毛，带黄色皮刺，皮刺基部膨大、稍弯曲、常对生于小叶或叶柄基部。小叶7～9枚，连叶柄长4～10厘米；小叶长圆形或宽披针形，长1.5～3.5厘米，有单锯齿或重锯齿，上面无毛，中脉和侧脉下陷，下面灰绿色，有腺点和稀疏短毛；叶柄和叶轴有柔毛、腺毛和稀疏皮刺，托叶大部分贴生叶柄，离生部分卵形，边缘有带腺锯齿，下面被柔毛。花单生叶腋或2～3朵簇生，直径3～4厘米；苞片卵形，有腺齿，下面有柔毛和腺点；花梗长5～8厘米，无毛或有腺毛；花萼近圆形，无毛；萼片披针形，先端叶状，边缘有不整齐锯齿和腺毛，下面有稀疏柔毛和腺毛，上面被柔毛，边缘较密；花瓣粉红色，倒卵形，先端不平整；花柱离生，被毛，短于雄蕊。果近球形或卵圆形，直径1.0～1.5厘米，熟时红色，平滑，宿萼直立。花期6—7月，果期8—9月。

3. 生长习性

多生于海拔880米山坡，落叶阔叶林带和草原带的山地林下、林缘、石质山坡，也见于河岸沙地，为山地灌丛的建群种或优势种，多呈团块状分布。在内蒙古产于兴安北部和岭西（额尔古纳市、牙克石市、鄂伦春自治旗、鄂温克族自治旗、新巴尔虎左旗）、兴安南部（科尔沁右翼前旗、科尔沁右翼中旗、扎赉特旗、阿鲁科尔沁旗、巴林左旗、巴林右旗、克什克腾旗）、辽河平原（大青沟）、燕山北部（喀喇沁旗、宁城县、敖汉旗、兴和县苏木山）、锡林郭勒（西乌珠穆沁旗、锡林浩特市、正蓝旗）、阴山（大青山、乌拉山）、东阿拉善（桌子山）、贺兰山。分布于我国黑龙江、吉林、辽宁、河北、山西。

4. 利用方式

果含多种维生素，可食用，可制果酱与酸酒；花味清香，可制成玫瑰酱，做点心馅或提取香精；根、茎皮和叶含鞣质，可提制栲胶。花、果入药，有理气、活血、调经、健脾作用；根能止咳祛痰、止痢、止血，主治慢性支气管炎、肠炎、细菌性痢疾、功能性子宫出血、跌打损伤；果实入蒙药（蒙药名为吉日乐格-扎木日），能清热、解毒、清"黄水"，主治毒热、热性"黄水"病、肝热、青腿病。

5. 栽培技术

为了保证山刺玫的优良特性，生产上采用分株、扦插进行无性繁殖。一般在春季进行，选择优良植株进行分株，就地进行栽植，踏实，浇水，之后 10 天加强分株田间管理。

选择生长健壮、无病虫害的植株，剪取枝条。将剪下的枝条截成 15 厘米长的插条，每个插条保留 2～3 个芽眼，用 ABT 生根粉配成 100 毫克/升溶液，把插条根部插入溶液中 20 分钟取出，按照株行距 25 厘米×45 厘米进行扦插。扦插后加强田间管理，保持扦插基质见干见湿状态，不能过湿，会引起插条腐烂。调节空气湿度为 65％，大地扦插可提前覆盖塑料薄膜，保持土壤湿度，塑料薄膜在一定距离开几个孔进行通气，防止扦插苗根腐烂。

6. 收获

花于 5—6 月花期时采摘，采摘后阴干；果实于 9—10 月采摘。

四、艳丽的植物

（一）金莲花

1. 概述

金莲花（*Trollius chinensis*）为毛茛科金莲花属多年生草本，其花金黄色，形态似莲花，故而得名。金莲花具有很高的观赏价值和药用价值，早在古代就有应用。元上都建于金莲川附近，朱有墩《元宫词百章笺注》中引用《口北三厅志风俗物产花之属》条："金莲花，生独石口外，纵瓣似莲，较制钱稍大，作黄金色，味极涩，佐茗饮之，可疗火疾"；在清朝，康熙皇帝就亲自引种栽植金莲花于御苑之中观赏，每逢金莲花开花时节，还以之赏赐宠臣显贵，更带头吟诗作赋。金莲花以花入药，有清热解毒、抗菌消炎作用，可治疗急性扁桃体炎、急性中耳炎、急性结膜炎、急性淋巴管炎等多种炎症,是金莲花片、金莲花注射液等中成药的主要成分,近年来市场需求量与日俱增。金莲花花型独特,颜色鲜艳,耐阴性强,是林下造景的优良宿根花卉。

2. 植物特征

株高 40～70 厘米,全株无毛。茎直立,单一或少分枝,有纵棱。基生叶近五角形,3 全裂,具长柄;茎生叶似基生叶,叶柄向上渐短,茎顶部叶无叶柄,叶片向上渐小,裂片变窄。花 1～2 朵,生于茎顶或分枝顶端,金黄色,干时不变绿色;雄蕊多数,花瓣比雄蕊长,花柱黄色,花瓣与萼片近等长。蓇葖果,果喙短。花期 6—7 月,果期 8—9 月。

3. 生长习性

湿中生植物。生于森林带的山地林下、林缘草甸、沟谷草甸及其他低湿地草甸,是常见的草甸伴生种。在内蒙古产于兴安北部、兴安南部、赤峰丘陵、燕山北部、锡林郭勒、阴山。

金莲花喜冷凉、湿润、低光照环境,不耐炎热,全光照下金莲花生长不良,植株矮小,叶黄化,有明显日灼现象。

4. 利用方式

(1) 药用

金莲花是中国传统中药。清朝赵学敏《本草纲目拾遗》载:"味苦、性寒、无毒。可治口疮、喉肿、浮热牙宣、耳疼、目痛、明目、解岚瘴。"金莲花也入蒙药,蒙药名为阿拉坦花-其其格,能止血消炎、愈创解毒,主治疮疖痈疽及外伤等。现代药理学研究发现,金莲花主要成分有黄酮类、生物碱和有机酸等,其中黄酮类为主要有效成分。金莲花提取物具有抑菌、抗病毒、抗氧化等活性,临床主要用于上呼吸道感染、感冒发烧、口腔溃疡等病,是广泛应用的安全有效药物。金莲花单味或复方制剂已用于临床的有金莲花注射液、金莲花冲剂、金莲花滴丸、金莲花黄酮膜剂、金莲花片、金莲花胶囊、哈药沙日嘎乐达克胶囊、复方金莲花口服液等。蒙医临床上最常用的含有金莲花单味药的制剂有三味金莲花汤、五味高宝札得朱尔汤、三味紫菀花汤、金莲花片等。

（2）茶用

金莲花不仅可以药用，在河北坝上地区也有把金莲花花朵作茶用的习惯，用以治疗急性及慢性扁桃体炎、急性中耳炎、急性淋巴管炎、急性结膜炎，民间还流传着"宁品三朵花，不喝二两茶"的熟语。金莲花作为茶用，茶汤清黄透亮，涩中带点清淡的甜味，可以单一饮用，也可以和其他药物配比，如金莲花枸杞茶、金莲花菊花茶、金莲花薄荷茶等。但是需要注意，金莲花性凉，不适合长期饮用，尤其是脾胃虚寒者，孕妇则禁用。

（3）观赏用

金莲花株高50厘米左右，花金黄色、形似莲花，叶似荷叶，早在清朝，皇家就将其引种作为观赏植物，在现代也深得园林设计者的青睐。金莲花花期6—7月，盛开时宛如群蝶飞舞，在绿叶的映衬下，格外引人注目。在园林绿化中，可种植于假山的石头缝隙里，还可作花坛、花带、花径种植于林缘、树下。除园林绿化外，也可以种植于庭院的墙角，或者作盆栽、吊盆置于书柜、茶几、窗台、阳台等处，装饰院落或室内空间。

5. 栽培技术

（1）选地与整地

金莲花喜湿耐阴，喜凉忌热，宜选荫蔽、湿润、疏松肥沃的沙质壤土或林下且与果树间作。整地结合施用腐熟的农家肥作为基肥，耕翻后耙细整平。

（2）繁殖方式

生产中以种子繁殖为主。

金莲花种子具生理休眠，在春季播种前用750～1 000毫克/升赤霉素溶液浸种48～60小时，在25～28 ℃下催芽3～5天，待种子露白20%～80%即可播种。种子和细沙以1∶10的比例混匀，条播，行距10～15厘米，沟深1～2厘米，覆土0.5厘米左右。播种后及时浇水，覆盖遮阳网，遮阳40%为宜。待出苗后，将遮阳网架起，距地面15～20厘米，保持通风。

翌年在未返青前浇水。在清明节前后移栽，每穴 2～3 株，株行距 30 厘米×30 厘米，移栽后及时浇水。

（3）田间管理

播种第 1 年要见干见湿浇水，保持植株根部土壤湿润。及时中耕除草。遮阳网到夏末时再移除。

第 2 年移栽后注意及时浇水。

6. 采收

在 6—7 月开花盛期将花采下，阴干即可入药。

种子在 7—8 月采收，成熟的种子呈黑色，果裂即落，应及时采收。

（二）野罂粟

1. 概述

野罂粟（*Papaver nudicaule*）为罂粟科罂粟属多年生草本，别名为野大烟、山大烟。果实入药（药材名：山米壳），能敛止咳、涩肠、止泻，主治久咳、久泻、脱肛、胃痛、神经性头痛。花入蒙药，蒙药名为哲日利格-阿木-其其格，具有镇痛、止咳、平喘等作用。由于新中国成立以来对罂粟、吗啡类有严格的限制，使得我国对于野罂粟的研究较少，直到 1987 年，卫生部（现为国家卫生健康委员会）发布"关于野罂粟、阿朴吗啡和烯炳吗啡不再列入麻醉药品管理范围的通知"后，关于野罂粟的研究才逐年增多。随着城市园林绿化的发展，野罂粟因其极强的观赏性、耐粗放管理、一年栽植多年利用等特点被应用到园林绿化中。

2. 植物特征

主根圆柱形，木质化，黑褐色。叶基生，羽状深裂或近二回羽状深裂，两面被刚毛或长硬毛，稍被白粉；叶柄长，两侧具狭翅，被刚毛或长硬毛。花蕾卵形或卵状球形，常下垂；花黄色、橙黄色、淡黄色，直径 2～6 厘米；花瓣外 2 片较大，内 2 片较小，边缘具细圆齿；花丝细丝状，淡黄色，花药矩圆形。蒴果矩圆形或倒卵状球形，被刚毛，稀无毛，宿存盘状柱头常 6 辐射状裂开。种子肾形，褐色。花期 5—7 月，果期 7—8 月。

3. 生长习性

旱中生植物。生于森林带和草原带的山地林缘、草甸、草原、固定沙丘。在内蒙古产于兴安北部、岭西、岭东、呼伦贝尔、兴安南部和科尔沁、燕山北部、锡林郭勒、乌兰察布、阴山。在我国产自河北、山西、内蒙古、黑龙江、陕西、宁夏、新疆等地。喜阳，耐干旱，不喜水，对土壤要求不严，适应力极强，在疏松、肥沃土壤中长势更好。

4. 利用方式

（1）药用

野罂粟全草酸涩，微苦，微寒，归肺、肾、胃经。主要具有镇咳、平喘的作用。野罂粟的主要活性成分为生物碱，目前，已从野罂粟中分离到 31 种生物碱单体。其中，野罂粟碱和野罂粟醇具有较强的镇痛作用，镇痛维持时间是吗啡的 4 倍，因其不具机体依赖性的特点，试图将其作为吗啡类药物的替代品受到现代医药工作者的广泛关注；白三烯（LT）是重要的炎症介质，在哮喘发病的病理生理过程中起重要作用；利用野罂粟全草止泻在我国北方少数民族民间草医中沿用已久。

（2）观赏用

野罂粟群体花期较长，在呼和浩特地区从 4 月下旬到 7 月中旬持续开花，花型独特，花色鲜艳，纤细的茎秆在微风的吹拂下轻轻摇摆，花朵像少女的裙子盈盈摆动，非常好看，因此是很好的花材。野罂粟适应能力极强，播种较为简单，栽植一年可多年观赏，管理也较为粗放，可以作宿根花卉地被植物，也可布置于野生园中，也可应用于花坛、花径、花带丛植、道路绿化点缀等，在园林绿化中有很大的开发潜力。

5. 栽培技术

野罂粟每个成熟蒴果中有种子 2 000～3 000 粒，每株有10～15个蒴果，且种子发芽率高，因此，野罂粟主要靠种子繁殖。

（1）选地与整地

选择向阳、排水良好地块，施入腐熟的农家肥作为基肥，耕翻后剔除杂草、石块等杂物，耙耱平整，浇透水，待土不黏脚，即可播种。

（2）播种

野罂粟种子细小，播种时与细沙以 1：10 的比例混合播种，要浅开沟、浅覆土，行距 30 厘米，覆土后盖草帘，保持土壤湿润。

（3）田间管理

野罂粟耐干旱，成苗后便可自然生长，不用浇水。中耕锄草每年进行 2 次，第 1 次在幼苗期，第 2 次在夏季杂草生长旺盛时。若大规模种植，只需浅耕 1 次，勿伤根茎。锄草后适当培土。

6. 采收

每年 6—8 月，在花凋谢之后，野罂粟的蒴果由绿色变为褐色时，将果实采下，收集于簸箕中踩碎，除去果壳及杂物，晾干，第 2 年春播，出苗率较高。野罂粟成熟种子褐色、光滑、细小；一年生植株种子产量低，一般采收二年生植株的种子。采收种子后采收全草。野罂粟花期持续时间长，种子成熟时期不一致，最好人工采收。

（三）地黄

1. 概述

地黄（*Rehmannia glutinosa*）为玄参科地黄属多年生草本，别名酒壶花。其根茎可入药，具有清热凉血、养阴、生津的功效，是"六味地黄丸"的主要成分，常用的大宗中药材之一，在国内外药材市场中占有很重要的地位。地黄自古就有"久服轻身不老，生者优良"之说，从周朝起就作为历代皇朝贡品和民间馈赠亲友的佳品。地黄在我国主要以栽培为主，以道地产区古怀庆府一带的怀庆地黄栽培历史最长，产量最高，质量最佳，畅销国内外，系著名四大怀药之一。地黄多生长于海拔 50～1 100 米的沙质壤土、荒山坡、山脚、路旁等处。在我国分布于辽宁、河北、河南、山东、山西、陕西、甘肃、内蒙古、江苏、湖北等省区。近年来，除药用外，园林建植中也多有应用。

2. 植物特征

株高 10～30 厘米，全株密被白色或淡褐色长柔毛和腺毛。根茎肉质，鲜时黄色；茎紫红色。叶通常基生呈莲座状；叶片卵形至长椭圆形，叶面粗糙多皱，上面绿色，下面略带紫色，叶缘具不规则圆齿或钝锯齿；基部渐狭成柄，叶脉在上面凹陷，下面隆起。总状花序顶生，花梗细弱，花萼密被长柔毛和白色长毛，萼齿 5 枚；花冠筒状微弯，外面紫红色，被多细胞长柔毛；花冠裂片 5 枚，先端钝或微凹，内面黄紫色，外面紫红色，两面均被多细胞长柔毛。蒴果卵形至长卵形。花果期 4—7 月。

3. 生长习性

旱中生杂类草。生于暖温性阔叶林带和草原带的山地坡麓及路边。在内蒙古产于赤峰丘陵、燕山北部、阴山、阴南丘陵、东阿拉善、贺兰山、龙首山。喜阳光充足、气候温和的地方。喜干燥，最忌积水。要求土层深厚、疏松、肥沃、排水良好、偏碱性的壤土或沙质壤土，忌连作。

种子发芽率为 40%～50%。在温度 23～30 ℃和足够湿度下，播种后 3～5 天出苗，8 ℃以下则多不发芽。根茎萌蘖能力强，顶部芽眼多，发芽生根亦多。

4. 利用方式

（1）药用

地黄的药用历史悠久，始载于《神农本草经》。因炮制方法不同，地黄药材可分为鲜地黄、生地黄和熟地黄，3 种地黄在药性和功效上有较大的差别。鲜地黄性寒，味甘、苦，有清热生津、凉血、止血的功效；生地黄因其性寒，故可清热凉血、养阴、生津；熟地黄性微温，具滋阴补血的功能。现代医学研究表明，地黄主要具有影响神经系统、心血管系统、血液系统、免疫系统、泌尿系统和消化系统及调节内分泌、延缓衰老、抗肿瘤等作用，对治疗老年痴呆症、脑梗死后记忆障碍、失眠症、多发性硬化、食管癌、复发性口腔溃疡、更年期综合征、糖尿病及并发症、老年性骨质疏松症等均有效果。因其是重要的补益药，在保健食品方面开发出了含地黄的清凉滋补饮料，如地黄茶等。

（2）观赏用

地黄植株低矮、叶片肥大粗糙，并不让人觉得美观。但是，其花期较长，当其他花都相继进入末花期时，地黄处于盛花期；地黄的花并不艳丽，但是浅粉暗红的颜色搭配看着很舒服，不艳不俗恰到好处。地黄具有抗性强、管理粗放、一年栽植多年利用的特点，在进行园林设计时，可广泛应用于花境、花坛、岩石园、草坪、地被、园路镶边等。也可以通过和其他园林植物的配置，形成丰富多彩、具有天然群落形式和自然野趣的宿根花卉植物群落，以满足现代人回归自然、返璞归真的心理需求。还可作盆栽观赏，置于客厅、书房、阳台和院落中，清秀雅致。

5. 栽培技术

（1）整地与施肥

选择平坦、向阳、无遮阳物、土层深厚肥沃、排水条件良好的沙质土壤。种前多施腐熟的有机肥作为基肥，深翻、耙磨平整，作畦，前茬以禾本科为好。

（2）繁殖方式

主要用根茎繁殖，种子繁殖多在育种时采用。

根茎繁殖：7—8 月将生长健壮的植株根茎挖出来，稍风干后，选无病、直径 1~2 厘米的块根，截成 3 厘米长的小段，每小段保证 2~3 个芽点，准备播种。行距 25~30 厘米，株距 15~25 厘米，每亩种植 8 000~10 000 穴，栽后覆土 3~4 cm，压实后浇水。

（3）田间管理

野生地黄栽种完成后养护过程比较简单，不需要过多地进行研究与管理，只需要定期的浇水，就能够保证其正常的生长。浇水遵循宁干勿涝的原则，一次浇透但不积水，否则会导致植株出现间歇性死亡的现象。在整个生产过程中不需要人工过多的管理，可以在入冬之前浇一次冻水，这样就可以保证植株安全存活过整个冬季。

6. 采收

于 10 月下旬地黄停止生长后、上冻前收获鲜地黄。地黄忌水洗。鲜地黄可加工成生地黄和熟地黄，在阴凉、干燥、无虫的环境下，地黄可保存 2～4 年，药效不减。

（四）翠雀

1. 概述

翠雀（*Delphinium grandiflorum*）别名大花飞燕草、鸽子花，为毛茛科翠雀属多年生草本。茎秆直立，花色以蓝紫色和白色为主。原产于欧洲南部，在我国主要分布于内蒙古、云南、山西等地。花期为春季和夏季，植物学特性为耐寒、耐半阴、喜壤土，栽培时浇水不宜过多，中水即可，生长期宜施重肥。其景观价值较为突出，因花型似飞燕起舞，故又名"飞燕草"。该种植物全株有毒，味苦，性凉，将其捣碎涂抹，具有泻火止痛、抗菌除湿的作用。不同颜色的翠雀花拥有不同的花语，在草原上，蒙古族男女青年常互赠翠雀花来表达爱意。

2. 植物特征

株高 35～70 厘米。茎与叶柄被柔软的茸毛。茎常为绿色或棕褐色。叶片长 2～6 厘米，宽 4～8 厘米，3 裂，叶披针形或线形，基部和地下部分的叶片叶柄较长，长度较叶片长 2～3 倍，叶边缘微微反卷，主叶脉凸起明显。总状花序共 5～15 朵花，苞片形状为基部叶状，上部多为线形；花梗长 2～4 厘米；萼片多数为蓝紫色，末端稍有反卷；花瓣外轮为蓝色，内轮为蓝紫色，卵圆形，顶端聚集较尖，基部相连，未完全分裂。雄蕊淡黄色或蓝紫色，无毛，顶端微微凹陷。种子为倒卵形，长度约为 2 毫米。

3. 生长习性

翠雀花为毛茛科多年生草本，生长于山坡、草地和丘陵地区。其生长要求阳光充足、中水、重肥、耐寒、耐半阴、喜壤土。种植后要做好排水工作，防止过度积水导致根部腐烂和植株缺氧。种植前应充分翻耕，施足基肥，在生长期追加氮肥等速效肥。翠雀忌暴晒，夏季的中午应搭建遮阳棚，浇水宜在清晨或傍晚。

翠雀播种繁殖应用较为广泛，当年 9 月采收饱满的翠雀花种子，冬季低温保存，于次年 3—4 月播种，气温约 15 ℃最适合其发芽，移苗时保持株行距均为 30～50 厘米为宜。

4. 利用方式

（1）药用

翠雀花全株可入药，味微苦，性凉，有毒，化学成分主要为二萜生物碱、甾体类、黄酮类、香豆素等，药用价值主要有降血压、清热解毒、止痛消炎，用于治疗黏性血痢、协日性泄泻、协日乌素病、赫依热性牙痛等。蒙医临床上制成胆汁-11 味散、苦苣苔四味散、草乌芽五味汤、五味石决明散等方剂。本品的醇提取物有安眠和镇痛的作用，里面含有的牛扁次碱和甲基牛扁碱均具有松弛肌肉作用。

（2）园林绿化用

翠雀花大部分为蓝色或蓝紫色，蓝色及蓝紫色为冷色系，有深远、宁静和凉爽的感觉，可用于休息场所和疗养风景区。翠雀花为多年生草本，草本花卉在绿化中应用较为广泛，主要用作花坛、花境、花带、花丛、地被、垂直绿化、岩石园、鲜切花等。蓝色草本花卉拥有广阔的应用前景，目前，内蒙古地区城市绿化以红色（一串红）和金黄色（金叶榆）为主，缺少蓝色和蓝紫色花卉，野生翠雀可引种驯化应用于城市绿化，提高城市花卉的多样性，为培育新品种提供原材料。

5. 栽培技术

（1）繁殖方式

繁殖多用种子繁殖、扦插繁殖和分株繁殖。

种子繁殖：播种需要提前翻耕，施一次基肥，翠雀花喜重肥。播种时间宜在春季，露地直播，出苗后需进行间苗，间苗后株行距均为 30～50 厘米。开花前为营养生长，对氮肥的需求量较大，应追施速效氮肥，开花后进入生殖生长期，对磷肥和钾肥的需求量较大，该时期应追施磷钾速效肥。

扦插繁殖：一般在早春进行扦插，取生长健壮、15～18 厘米的新梢或花基部的新枝条为插条，留 2～3 个叶片即可，扦插到沙质土壤的苗床上，待长出健康根系后移栽到花盆或大田。

分株繁殖：分株的季节为春季或秋季，选取生长健壮的母株，每株按照本身的长势最多分成2～3株，分完后将新分出的植株进行修剪，去除烂根和多余的叶片，最好在切口处涂抹木炭粉消毒后再定植。

（2）常见病虫害

黑斑病：黑斑病的发病与栽培品种和栽培管理条件有关。发病初期，叶片上部有褐色小点，小点渐渐扩大，扩散成1.5～13.0毫米的黑斑，受到黑斑病危害的叶片颜色加深，边缘呈纤毛状。病斑外围有黄色的晕圈，导致光合作用能力大大减弱，叶片发育受影响甚至脱落，严重时可导致植株叶片大面积掉落。

根茎腐烂病：根茎染病多发生于土壤表面的位置，最初为暗绿色水渍斑状，形状不规则，随后茎部开始腐烂，最终植株倒伏，有时从根部开始腐烂。叶片病变从基部开始，叶片颜色变暗，两面均有暗绿色水渍状斑，随后叶片变软，变为黄褐色，最终掉落。

菊花叶枯线病：主要危害部位为叶片、花芽、花瓣。叶片从植株基部开始发病，发病叶片变成褐色，后逐渐扩大，形成不规则的褐色斑状，之后叶片卷曲脱落。花部位发病后停止发育，畸形，干枯退化，甚至直接枯死。

针对以上病虫害，用500倍的30%硫菌灵可湿性粉剂液喷洒即可。昆虫侵染主要是夜蛾和蚜虫，用2 000倍的10%氯菊酯乳油液喷杀。黑斑病可于花季时选用咪鲜胺防治。

6. 花语和传说

（1）花语

蓝色翠雀代表忧郁；白色翠雀代表清新淡雅；粉色翠雀代表诗意浪漫；紫色翠雀代表倾慕宁静。

（2）传说

相传在古代，有一个小村庄里住着一个庞大的家族，他们宁静地过着日出而作、日落而归的生活，以为世间本应该就是这个样子。直到有一天，一个恶霸来到了这里，对这个家族的人们进行残忍的迫害，在他手里，男女老少无一幸免，剩下的人决定外出逃难，但最终却全部遇难。后来这些外出逃难死去的人们难以抵挡对家乡的思念，化成飞燕归来，落在故乡温暖的土地上，变成了飞燕花。因此，飞燕花的每一次开放都是对自由和正义的向往，也是对亡灵的祭奠。

（五）地榆

1. 概述

地榆（*Sanguisorba officinalis* L.）为蔷薇科地榆属多年生草本植物，广泛分布于亚洲、西欧和北美等北半球海拔 30～3 000 米的温带地区。常生于灌丛中、山坡草地、草原、草甸及疏林下，已由人工引种栽培。地榆的各个部分都可以入药，性寒，味苦酸，无毒，归肝、肺、肾和大肠经，有凉血止血、清热解毒、培清养阴、消肿敛疮等功效。最有效的部分是根。地榆叶片较小，花朵为紫红色小花，果实包藏于萼筒内。别名玉札、黄瓜香等。

2. 植物特征

多年生草本，株高 50～120 厘米。茎直立，有棱，无毛或有稀疏腺毛。根粗壮，多呈纺锤形，表面紫色或棕褐色，有沟槽，无毛。奇数羽状复叶，小叶对生，间距较长，叶矩圆状卵形或长椭圆形，先端钝，基部浅心形，边缘具尖锯齿，托叶抱茎。穗状花序椭圆形、圆柱形或卵球形密集，顶生于花茎顶端，暗红色。花期 6—7 月。果实包藏在萼筒内，外面菱形。

3. 生长习性

喜温暖，耐寒，喜面朝阳光，耐半阴，喜湿润环境，宜肥沃而排水好的土壤，适应性强，对生长环境不挑剔，常生长在海拔 1 400～2 300 米的山地、山谷、湿地、疏林下及林缘地区。

4. 利用方式

（1）食用

一般春夏季采集嫩茎叶、嫩苗或花穗，用沸水烫后换清水浸泡，去掉苦味，用于炒食、做腌菜和汤，也可做蔬菜色拉，由于其具有黄瓜清香，在做汤的时候放几片叶可以提味，还可将其浸泡在啤酒或饮料里增加风味。

（2）观赏用

地榆可观叶观花，其叶形美观，紫红色穗状花序仁立在叶片之间，典雅端庄，可作花境背景或栽植于庭园、花园供观赏。

（3）药用

地榆根入药，性微寒、味苦。现代医学研究证明，地榆具有止血凉血、解毒敛疮、收敛止泻及抑制多种致病微生物和肿瘤的作用，临床常用于治疗便血、崩漏、水火烫伤、痈肿疮毒、结核性脓疡及慢性骨髓炎等疾病。

5. 栽培技术

（1）选地与整地

选择排水良好、土层深厚、疏松肥沃的土地。深翻耙平，施足基肥，播种前浇足底水。

（2）繁殖方式

种子繁殖：露地栽培从春季至夏末均可播种。温室育苗可于2—4月在厚墙体温室中播种。播种量0.2～0.3千克/亩，行距20厘米，沟深1厘米，将种子均匀播于沟中，覆土0.5厘米左右，播完后轻轻镇压。镇压后浇水，地面保持湿润。地温在18℃左右时，20天可出苗。温室育苗的幼苗生长2个月，即可移栽于大田。

分根繁殖：在春季芽萌动前或秋季芽休眠后，采挖带茎、芽的小根作种苗。每穴栽1～2株，按照行距30～40厘米，株距25厘米挖穴，穴深视种苗大小而定，栽后覆土，及时浇水。

（3）田间管理

地榆的田间管理可以较粗放，病虫危害很少，但需要经常浇水，使土壤始终保持湿润状态，要少量多次施用氮肥，最宜施腐熟的尿液。中耕除草应在苗期及时进行。

6. 采收

地榆种子的采收时间最宜在9月上旬，既可保证种子的数量，又可相对保证质量。

（六）二色补血草

1. 概述

二色补血草（*Limonium bicolor*）为白花丹科补血草属多年生草本，常作一年生栽培。二色补血草原产于我国西北及华北草原、沙丘和滨海盐碱地。耐寒，畏夏季高温，耐旱，忌涝，喜欢阳光充足、通风良好、干燥凉爽的栽培环境，适合在排水良好、偏碱性的土壤中生长，低温春化越充分，形成花芽和腋芽的数量越多。未低温春化的植株，腋芽形成莲座叶，不能开花。

二色补血草迎风傲雪，花香不败，花初期呈粉红色或紫色，随着生长变成白色，纯洁而高雅，二色变幻，粉白交替，交相辉映，故称"二色补血草"。

2. 植物特征

株高 20～60 厘米。叶基生，匙形或长倒卵形，基部呈狭长叶柄。花茎上部叉状分枝，呈疏散聚伞状圆锥花序，大多为不育枝。苞片绿色或紫红色；萼筒漏斗状，有干膜质萼檐，白色、浅紫色和粉红色。花冠小，黄色。用作切花或干花花材。

3. 生长习性

二色补血草一般在夏季或秋季开花，花开后种子成熟快。秋季在低温和短日照的条件下形成莲座状株丛，春化后腋芽形成花芽。其抽薹开花需要经过低温春化诱导，在越冬时以莲座状株丛从腋间生长点感应低温，萌动的种子在 1～3 ℃下经过 30 天可满足低温春化要求，高于 5 ℃效果开始减弱。已完成春化的幼苗和种子回到 25 ℃的室温条件下，则春化解除。随苗龄的增长，春化效果越稳定。在高温季节生产切花需要通风、遮阳降温。二色补血草为长日照植物，开花需要长日照。抽薹前用 500 毫克/升赤霉素喷洒可促进开花。

4. 利用方式

（1）药用

二色补血草的化学成分主要有甾体、黄酮类、生物碱、鞣质、没食子酸、多糖、挥发油等。二色补血草作为传统的中草药，《中药大辞典》《在陕西中药名录》《北方常用中草药手册》以及《甘肃、宁夏和河南中草药手册》中均有记载，二色补血草具有补血、止血、散瘀、益脾、调经、健胃的作用，可用于治疗宫颈癌和功能性子宫出血等症状。

（2）生态用

二色补血草为良好的地被植物，植株不高，且具有极为发达的根系，盖度较高，因而固土护坡是其不可忽视的作用。作为需水量少的旱生植物，二色补血草的泌盐机制较特殊，除了可适应恶劣的环境条件外，还可改善近地面局部小环境，可作为沙漠地区的先锋植物。此外，作为盐碱地拓荒植物，它还具有改良盐碱地的功能。

（3）景观用

二色补血草散生在内蒙古草原典型草原，未开花之前是北方重要的牧草资源，可作为家畜的饲料。开花时，初花期花色为紫红色，到了后期萼片纯白，枝条翠绿挺直。作为重要的干切花材料，二色补血草花朵细小，干膜质，花枝水分少，纤维高，枝干硬直，鲜花和干花一样鲜艳，因其形态自然、常开不凋，深受国内外旅客的喜欢。

5. 栽培技术

二色补血草耐旱，忌湿，对土壤要求不高，以排水通畅的土壤或沙壤土为宜。栽种前深耕30厘米，施足基肥。

栽种距离采用30厘米×（30～40）厘米，生长期保持土壤湿润，但要防止积水，花期要适当控水，开花后追肥1～2次。在抽薹的时候拉支撑网，采用20厘米×20厘米的网孔。

二色补血草为直根性，不宜分株繁殖，多采用播种或组培繁殖。

播种繁殖：二色补血草通常于初秋播种，2～3片叶时移苗到育苗钵中，定植时带基质扣盆，减少对根部的伤害。切花生产中常用冷藏育苗，有两种方法：第一种是种子吸水萌动后再冷藏，冷藏后播种，但这种方法容易造成发芽快的种子受伤。第二种是播后冷藏，播于浅盘，经 1~2 个月胚芽萌动后连箱存放于冷藏室。干燥种子冷藏无任何效果。二色补血草种子在 2~3 ℃下 30 天即可完成春化。冷藏育苗有利于冬春产花，多用在不加温温室或加温温室中促成栽培。应注意，冷藏育苗的初期培育必须在低温中进行，以防止脱春化。

组培繁殖：杂种补血草的商品生产常用组培苗。商品苗经过低温春化后出售，生产而不防止脱春化者可直接于凉温中栽培，组培苗通常以具有 7~10 片叶为优。

6. 采收

二色补血草采收切花宜在 50%~100% 小花穗开放时采收。剪切时保留花茎基部 12 片大叶，有利于老株再度萌发。切花采后水养，按长度分级。切花在 2~4 ℃条件下贮藏可保持新鲜状态 3~4 周。

7. 花语

二色补血草花语是依偎在你身旁，永远相伴着你。这是因为补血草的花朵比较小，颜色比较淡雅，观赏的周期比较长，经常拿它和其他花朵进行搭配使用，所以它的花语便是陪伴的意思。

（七）蓝盆花

1. 概述

蓝盆花（*Scabiosa comosa*）为川续断科蓝盆花属多年生草本植物。其干燥花序可入蒙药，是蒙药特有品种，主产于内蒙古、河北、黑龙江、吉林、辽宁等地。蓝盆花有甘、涩、钝、燥、腻、重、凉等性味，可单用，亦可配方使用，蒙医临床上常用于清热，如肺热、肝热、咽喉热等。现代研究表明蓝盆花富含黄酮类、皂苷类、多糖类成分，对于肝炎、高血压、免疫功能低下都有良好的治疗作用。

蓝盆花蓝紫色的头状花序给人以宁静、神秘、高贵的感觉，在微风下轻轻摇摆，像端庄的少女静静矗立在风中。蓝盆花花期长、植株低矮、花序独特、花瓣美丽，适合作地被、花镜、花坛，也可作盆栽、插花材料，不仅如此，其耐阴、耐旱、耐寒、耐贫瘠、适合粗放管理的特点，也是生态型、节约型、多样化城市园林的首选植物。

2. 植物特征

株高 20～80 厘米。根粗壮，木质。茎斜生。基生叶椭圆形、矩圆形、卵状披针形，先端略尖或钝，边缘具缺刻状锯齿或大头羽状深裂；茎生叶羽状分裂。头状花序在茎顶呈三出聚伞排列，总花梗长 15～30 厘米；总苞片条状披针形；边缘花较大而呈放射状；花萼 5 齿裂，花冠蓝紫色。果序椭圆形或近圆形，瘦果包藏在小总苞内，其顶端具宿存的刺毛状萼针。花期 6—8 月，果期 8—10 月。

3. 生长习性

沙生中旱生草本。生于沙质草原、典型草原、草甸草原群落中，为常见的伴生种。在内蒙古产于兴安北部及岭东和岭西、兴安南部、赤峰丘陵、燕山北部、锡林郭勒、乌兰察布、阴山。分布于我国黑龙江、吉林、辽宁、河北、山西、河南西部、陕西中部、宁夏南部、甘肃东部。

蓝盆花具有耐寒、耐旱、耐贫瘠的特点，喜阳光充足，忌高温，对土壤质地及 pH 无特殊要求。在水分充足、土壤肥沃条件下生长发育健壮且抽茎粗，分枝多，开花花序多。

4. 利用方式

（1）药用

蓝盆花的干燥花序入蒙药，蒙药名为陶森-陶日莫，又称蒙古山萝卜。该药材为蒙药特有种，蒙药标准及典籍对其均有记载，其性甘、涩、钝、燥、腻、重、凉，具有清热、清"协日"、泻火的功能，蒙医临床上主治肝火头痛、黄疸等病。《中华人民共和国卫生部药品标准：蒙药分册》及《内蒙古蒙成药标准》中收载了清肝七味散等 4 个以蓝盆花为组方药味的用于治疗肝病的蒙成药。经对蓝盆花在各配方中的效能分析认为，该药不仅具有发挥蒙药药力、药性的作用，而且能协调诸药。

蓝盆花含强心苷、三萜皂苷、鞣质、黄酮苷、生物碱、胡萝卜素、绿原酸、熊果酸、洋芹素、大波斯菊苷、野漆树苷、木犀草素等。据文献报道，蓝盆花提取物具有解热、抗炎、抑菌、抗氧化、降血压、保护肾缺血再灌注损伤、镇静、增强机体免疫机能等多种药理作用；蓝盆花有效物质山萝卜酸（SA）具有抗氧化、保肝作用；蓝盆花中部分化合物具有抗氧化、抑制 α-葡萄糖苷酶、抑制胰脂肪酶、抑制血小板聚集等作用；蓝盆花中部分成分具有抗丙型肝炎病毒作用。蓝盆花作为蒙药复方中常用的配伍药，具有很高的药用价值和经济价值。

（2）观赏用

蓝盆花是多年生草本植物，其抗性强，耐粗放管理，在园林上可作为宿根草本花卉布置在宿根花坛或花境中。其株型整齐，节间较长，花序松散轻柔，配置在花丛中会给人飘逸、放松的意境；其花朵蓝紫色，属冷色，能起到减轻人们心情烦躁的效果。蓝盆花可单一丛植，也可与其他植物搭配栽植。除此之外，还可用作盆栽或插花材料，是一种非常独特的宿根草本花卉。

5. 栽培技术

蓝盆花的繁殖方式有种子繁殖和分根繁殖，分根繁殖的繁殖倍数较低，通常为2～3倍，所以生产中以种子繁殖为主，通常用育苗移栽的方法。

（1）育苗

蓝盆花种植当年不能抽茎开花，故生产中多采用温室育苗、分苗，放冷床越冬，至翌春解冻后定植的栽培方式。选择草炭土为基质，配以蛭石、珍珠岩，装好50穴盘，孔浇透备用。将种子在40℃温水中浸泡12小时左右后点播至穴盘。苗期管理时温室通风控温20～25℃，育苗穴盘长期保湿。待基生叶6～10片，根系与基质成为一体时，移栽到苗钵放冷床越冬。苗钵基质为田园土拌腐熟的有机肥。其间要见干见湿浇水，浇水太勤容易烂根。待翌年春天即可移栽至大田。

（2）移栽

选择阳光充足、排水良好、土层深厚、肥沃的沙质土壤。深翻土壤 20～30 厘米，耕翻前每亩施入腐熟的农家肥 1 000 千克，深耕后将土地耙糖平整。株行距 30 厘米×30 厘米，每穴 1～2 株，便于后期花朵采摘，移栽后压实土壤，及时浇缓苗水。

（3）田间管理

主要是人工除草、适量灌溉、及时培土，以防止植株过高而倒伏。花蕾初期浇一水，促进开花。

6. 采收

花采收前 6 天停止浇水，做好采收准备工作。花期 6—8 月，有露水和降雨天不宜采收。花瓣很嫩很脆，为保持花瓣的完整，采收时手心朝上，用食指和中指夹住花茎，轻轻上提，摘下花朵，装入竹篮或藤笼。每 6～8 天采收 1 次。采收后及时置于架高的纱网上阴干，其间注意通风，可轻微震动纱网，抖出杂质和小虫子等。

种子采收在 9 月至 10 月中旬，可专门留种子采收田。因成熟期不一致，需连续采集，晒干，阴凉处贮藏。

（八）千屈菜

1. 概述

千屈菜（*Lythrum salicaria* L.）为千屈菜科千屈菜属多年生草本，别名水柳等。千屈菜全草入药，能清热解毒、凉血止血，主治肠炎、痢疾、便血，外用可治外伤出血。千屈菜具有水陆两栖、适应性强、管理简便、成景效果好等优势，在园林景观建设中应用广泛，在华北、华东地区常栽培于水边或作盆栽用。千屈菜作为挺水植物，可用于净化水体，降低水体中全氮、全磷效果明显。千屈菜分布广泛，产于全国各地，亦有栽培；常生于河岸、湖畔、溪沟边和潮湿草地。

2. 植物特征

株高 40～100 厘米。茎直立，多分枝，具 4 棱。叶对生，少互生，披针形或阔披针形，基部近圆形或心形，略抱茎。顶生总状花序，花两性，数朵簇生于叶状苞腋内，具短柄；萼筒紫色，花瓣6片，狭倒卵形，紫红色，生于萼筒上部；雄蕊12枚，6长6短，相间排列；子房上位，2室，具多胚珠；花盘杯状，黄色。蒴果椭圆形，包于萼筒内。花期8月，果期9月。

3. 生长习性

湿生草本。生于森林带和草原带的河边、湿地、沼泽。在内蒙古产于兴安北部及岭东、呼伦贝尔、兴安南部及科尔沁、辽河平原、燕山北部、锡林郭勒、阴南平原、鄂尔多斯。分布于我国河北、河南、山东、山西、陕西、四川等地。日本、朝鲜、印度、阿富汗、伊朗、欧洲、北非、北美洲等也有分布。

千屈菜抗性强，耐寒冷，喜水湿和光照充足的环境，多生长在沼泽地、浅水、湿地及河边、沟边等湿润环境中，对土壤要求不严，在淡水与陆地均能生长，在土质肥沃的塘泥中长势强壮。

4. 利用方式

（1）药用

千屈菜全草可入药，具有清热解毒、收敛止血、破瘀通经的功效。主治肠炎、痢疾、便血、瘀血、经闭等，外用时可治外伤出血等。现代医学研究发现千屈菜的主要成分有多糖、酚类、糖醛酸类、黄酮和类黄酮等，这使千屈菜提取物具有非常好的抗腹泻、止咳、抗细菌和降糖效果，与西药相比，几乎无不良反应。千屈菜苷具有抗腹泻的特性；甲醇提取物能够较好地抑制大肠杆菌和白色念珠菌，对金黄色葡萄球菌有轻微的抑制；多酚、鞣酸类和黄酮类化合物有很好的抗氧化性；花和茎的乙醚提取物对降血糖有显著作用；千屈菜糖复合物是潜在的天然药物止咳剂；所含酚类物质如单宁类，在肠道菌群的作用下可产生尿石素，尿石素具有抗氧化、抗炎症、抗恶性细胞增生和抗芳香酶的特性，可预防人类乳腺癌和结肠癌细胞的生长。

（2）观赏用

千屈菜是水陆两生植物，其花期长，株丛姿态娟秀整齐，花色鲜艳醒目，片植具有很强的绚染力，是作色块的优秀品种之一，常用于布置庭院小区及广场，也可大面积作护坡或道路两旁绿化用。千屈菜也可与香蒲、荷花、睡莲等水生花卉配植，成片布置于湖岸河旁浅水处，是极好的水景园林造景植物。除此之外，千屈菜也可作盆栽摆放庭院中观赏，亦可作切花用。

（3）生态用

千屈菜作为一种优良的挺水植物，具有净化水体的生态作用。其对水体中总氮、总磷具有显著的去除效果，可提高水体 DO 值（溶解氧含量），在 COD 值（化学需氧量）较高、水质污染严重的水体中仍能生长发育，对恢复生态系统、提升景观水体的水质具有非常重要的作用。同时，千屈菜受铅污染时，叶片气孔密度具有增大的反应特性，可作为铅污染程度的指示植物。

5. 栽培技术

千屈菜可用播种、扦插、分株等方法繁殖，其中以扦插和分株为主。

（1）播种

千屈菜种子细小，适宜萌发温度为 25～30 ℃。播种前需用200 毫克/升的赤霉素浸种 12 小时，捞出控干水分后拌细沙至种子不黏手。将苗盘中基质浇透，然后将种子撒播于苗盘，播种后用筛子筛土覆盖，覆土厚度为种子的 2 倍。保持湿润，10 天左右即可发芽。

（2）分株

分株适宜在春、秋两季进行。4 月初和 10 月末选地上茎多的植株，整体挖起，抖落掉泥土，辨别根的分枝点和休眠点，用锋利的工具把母株切割成若干子株，每个子株留芽 4～7 个进行移栽。株行距 30 厘米×30 厘米，坑深以能把根系放直为宜，覆土后将周围土壤压实，浇透水。待第 1 遍水半干时再浇 1 次透水。

（3）扦插

选择光照充足、通风良好的场地作扦插床。扦插床宽以 1.5 米为宜，床底部先铺 10 厘米厚的水洗砂，再铺 5～8 厘米厚的基质，基质以珍珠岩、蛭石为主，苗床用 0.05％的高锰酸钾溶液消毒杀菌。

插穗选择当年萌发的无病虫害健壮枝条，在生长旺盛期，剪取嫩枝 8～12 厘米，去除基部 2/3 的叶片，插入扦插床。株行距 10 厘米×10 厘米，深 3～5 厘米。采条时需避开中午高温时间，枝条采集后及时喷水放在阴凉处，防止枝条叶片失水。扦插后保持苗床湿润，生根后可见干见湿浇水，待根长 8～15 厘米时即可移栽。

千屈菜生命力强，可粗放管理。在通风良好、光照充足的环境下一般没有病虫害；通风不畅时会有红蜘蛛，可通过及时剪除过密过弱枝来预防红蜘蛛的发生。

6. 采收

9 月中旬种子成熟，此时剪下花序，收集种子晾干保存。

（九）串铃草

1. 概述

串铃草（*Phlomis mongolica* Turcz.）为唇形科糙苏属多年生草本，别名毛尖茶、野洋芋。块根可入蒙药，蒙药名为录格莫尔-奥古乐今-吐古日爱，能祛风清热、止咳化痰、生肌敛疮，主治感冒咳嗽、支气管炎、疮疡不愈合。串铃草株型整齐，轮伞花序多层，花色艳丽，花期长，开花时会吸引来众多蜜蜂采蜜，在青嫩时也为牛、羊、骆驼所喜食。在我国河北西北部、山西东北部、陕西北部、甘肃东部均有分布。在内蒙古地区主要分布于兴安南部、燕山北部、锡林郭勒、乌兰察布、阴山、阴南平原、阴南丘陵、东阿拉善。

串铃草不但具有药用价值，而且抗逆性强，能在干旱贫瘠地带正常生长，在城市园林绿化，尤其是城市防护绿地、工业绿地、道路绿地等干旱贫瘠地带及城市生态修复领域具有广阔的应用前景。但是，目前对串铃草的研究较少，人工栽培方面还未见报道。

2. 植物特征

株高 30～60 厘米。根粗壮，木质，须根常作圆形、矩圆形或纺锤形的块根状增粗。茎单生或少分枝，被具节刚毛及星状柔毛，棱上被毛尤密。叶卵状三角形或三角状披针形，基部深心形，边缘有粗圆齿，上下均被毛；叶具柄，向上渐短或近无柄。轮伞花序，腋生，多花密集；苞片条状钻形，花萼筒状，花冠紫色，长约 2.2 厘米；花冠二唇形。花期 5—9 月，果期 7—9 月。

3. 生长习性

旱中生草本。生于森林草原带和草原带的草甸、草甸草原、山地沟谷草甸、撂荒地、路边，也见于荒漠的山区。抗逆性强，耐旱，耐寒，耐盐碱。

4. 利用方式

（1）药用

串铃草收录于《中华本草》，其块根入药，味甘、苦，性温，具有清热消肿、散寒、托疮、生肌、利肺等效用，用于治疗感冒咳嗽、支气管炎、肺炎、疮疡久溃不愈等。其块根可入蒙药，治疗功能同中药。

（2）绿化用

串铃草茎直立，少分枝，花蓝紫色，于茎秆上轮生，花序较长，具有极高的观赏价值。花开时，蝴蝶、蜜蜂穿梭其中，景色独特。串铃草抗逆性强，在干旱贫瘠地带均可正常生长，在园林绿化中可用于造景、丛植，配植于花丛中给人以亭亭玉立的感觉。也可用于工业绿地、道路绿地、生态修复等管理粗放的绿化领域。

5. 栽培技术

串铃草主要以种子繁殖，用于园林绿化时，适合采用育苗移栽的生产方式。

（1）选地与整地

串铃草对土壤要求不严，壤土、黏土、沙土均可生长，各类贫瘠的土地、中轻度盐碱地均可种植。播种前深翻，同时施基肥，耙细耱平。做成宽 1 米的苗床。

（2）播种

条播或撒播。播种期 5 月上旬，播种量 7～8 千克/亩。条播行距 15～20 厘米，播深 3 厘米，覆细土 1～2 厘米，镇压。

（3）移栽

苗高8～10厘米即可移栽。移栽时注意放直根系，定植后覆土压紧，及时浇缓苗水。药用植物株行距30厘米×40厘米，每穴2～3株。园林用植物株行距视情况而定。

（4）田间管理

串铃草耐干旱、耐盐碱，苗期需人工浇水，成苗后自然降水即可满足其水分需要，且无病虫害，非常适合粗放管理。

6. 采收

夏、秋季节刈割地上部分，留茬高度5厘米，全草切段晒干。秋、冬季节地上部分枯萎后挖根，洗净，切片，晒干。

五、低调的实用者

（一）草地早熟禾

1. 概述

草地早熟禾（*Poa pratensis* L.）为禾本科早熟禾属多年生草本，是北温带广泛利用的牧草和优质冷季型草坪草，原产于欧洲、亚洲北部及非洲北部，现全球温带地区均有栽培。我国华北、西北和东北地区有野生分布，东北地区、河北、山东、山西、四川、江西、内蒙古、西藏、新疆、青海等省区有广泛栽培。内蒙古自治区农牧业科学院于20世纪90年代从大青山引种草地早熟禾，并驯化登记品种"大青山草地早熟禾"。大青山早熟禾抗寒，耐旱，绿期长，是很好的草坪草种。

2. 植物特征

具发达匍匐根状茎。秆疏丛生，直立，高30～75厘米，具2～4节。叶鞘平滑或糙涩，长于其节间，并较其叶片长；叶舌膜质；叶片条形，扁平或内卷，上面粗糙，下面光滑，长6～15厘米，宽3～5毫米，顶端渐尖，蘖生叶片较狭长。圆锥花序金字塔形或卵圆形，开展，每节具3～5个分枝；小穗卵圆形，绿色或稍带紫色，成熟后呈草黄色，含2～5朵小花；颖卵状披针形，先端渐尖，脊上微粗糙；外稃膜质，披针形，顶端稍钝，脊与边脉在中部以下密生柔毛；内稃短于或等长于外稃，脊具微纤毛；花药长1.5～2.0毫米。花期5—6月，果期7—8月。

3. 生长习性

中生禾草。生于森林带和草原带的草甸、草甸化草原、山地林缘及林下。在内蒙古产于兴安北部及岭东和岭西、呼伦贝尔、兴安南部及科尔沁、燕山北部、阴山、贺兰山。草地早熟禾喜冷凉湿润的气候，抗寒性极强，耐旱性不强，特别是高温干燥气候会限制其正常生长。具有一定的耐阴性，高温条件下适当遮阳有利于其生长。对土壤条件要求不高。在内蒙古地区，一般4月中旬开始返青，5—6月抽穗开花，7—8月种子成熟。

4. 利用方式

（1）饲用

草地早熟禾茎叶柔软、幼嫩而富有营养，其干草中含有粗蛋白10.8％，粗脂肪4.3％，无氮浸出物45.6％，粗纤维25.1％，灰分6.4％，除此之外，还含有丰富的维生素和多种矿物质元素，为各类家畜、家禽所喜食。草地早熟禾分蘖能力强，耐牲畜践踏，不断割草和放牧能促进根茎和新芽的发生，因其耐牧性强，从春到秋均可放牧利用。茎叶生长茂盛时，也可刈割用于调制干草，但天然草地的产草量一般不高，产干草140～180千克/亩，人工单播和混播草地产量为300～400千克/亩，产量一般在第3年后开始下降。

（2）坪用

草地早熟禾根茎发达，分蘖能力很强，分蘖节离地面3厘米以上，一般可分蘖40～60个，最高可达120个。草地早熟禾为下繁草，叶量多，紧贴地面生长，覆盖度好，叶质柔嫩，色泽鲜亮，生长期长达200天左右。草地早熟禾具有一定的耐阴性，园林绿化中在林下栽培也不受影响，是温带地区理想的优质草坪绿化草种。

5. 栽培技术

草地早熟禾可以用种子繁殖，也可以用分蘖、根茎进行无性繁殖。

（1）选地与整地

草地早熟禾种子细小，与其他草种相比需要精细的整地，尤其需要清除草地内的各种杂物，对地面的平整度要求极高。建植人工草地应在播种前一年夏、秋季进行深翻，耙平耱细，精细整地；建植草坪则在播种前整地即可，但是播种前都需要镇压地面，并保持土壤湿度。

（2）繁殖方式

建植人工草地选择条播，行距 30 厘米，播种量 0.5～1.0 千克/亩，播深 1 厘米。

建植草坪一般需要快速看到绿化效果，为此，生产中分两块，一块是草皮的生产，另一块是用草皮分栽建植草坪。草皮生产：撒播，播种量 20 克/米^2，播后覆土 0.5 厘米，镇压。草皮分栽：将起好的草皮分成小块，按株行距 20 厘米×20 厘米移栽，移栽后及时浇水。

（3）田间管理

无论是建植人工草地还是草坪，都需要精细管理。出苗期注意保持土壤湿润，早春和早秋生长旺盛的季节要注意灌溉和施肥。草地早熟禾容易受杂草的侵害，苗齐后要注意及时清除。

6. 采收

草地早熟禾种子成熟后易脱落，当有 80％种子成熟即可收种；收草是在抽穗期进行刈割。

（二）无芒雀麦

1. 概述

无芒雀麦（*Bromus inermis* Layss.）为禾本科雀麦属多年生草本。本种是著名优良牧草，草质柔软，叶量较大，营养价值高，产量大，适口性好，利用季节长，在草甸草原、典型草原地带以及温带较湿润的地区可以推广种植。耐寒，耐放牧，适应性强，为建立人工草场和固沙的主要草种，分布于我国黑龙江、吉林、辽宁、内蒙古、河北、山西、山东、江苏、陕西、甘肃、青海、新疆（伊吾、奇台、阜康、哈巴河)、西藏、云南、四川、贵州等省区。世界各地均有引种栽培。

2. 植物特征

株高 50～120 厘米。具横走根状茎；秆直立，疏丛生，无毛或节下具倒毛。叶鞘无毛或有短毛，近鞘口处开展；叶舌长 1～2 毫米；叶片扁平，长 5～25 厘米，宽 5～10 毫米，先端渐尖，两面与边缘粗糙，通常无毛。圆锥花序开展，长 10～20 厘米，每节具 2～5 个分枝，分枝细长，着生 1～5 枚小穗；小穗含 6～12 朵花，小穗轴节间长 2～3 毫米，具小刺毛；颖披针形，边缘膜质，第一颖长 4～7 毫米，具 1 条脉，第二颖长 6～10 毫米，具 3 条脉；外稃长圆状披针形，具 5～7 条脉，无毛，基部微粗糙；内稃膜质，短于外稃，脊具纤毛；花药长 3～4 毫米。颖果长圆形，褐色。花果期 7—9 月。

3. 生长习性

中生禾草。常生于海拔 1 000～3 500 米的草甸、林缘、山间谷地、河边、路旁、沙丘间草地，是草甸草原和典型草原地带常见的优良牧草，在草甸上可成为优势种。在内蒙古产于岭东、岭西、呼伦贝尔、兴安南部、科尔沁、赤峰丘陵、燕山北部、锡林郭勒、乌兰察布、阴山、鄂尔多斯、贺兰山、龙首山。无芒雀麦喜冷凉、干燥气候，为喜光植物。其抗寒，耐旱，耐水淹，不耐酸，不耐碱，对水肥敏感，喜土层较厚的壤土或黏土。

4. 利用方式

无芒雀麦叶片宽厚柔软、叶量较大、品质优良、营养丰富、适口性好，为各种家畜喜食，尤以牛最喜食。与其他禾本科牧草相比，无芒雀麦营养价值非常高，在抽穗期对其养分进行测定，结果为含粗蛋白 16.0%、粗脂肪 6.3%、粗纤维 26.0%、无氮浸出物 44.7%，可调制成优质干草和青贮饲料。无芒雀麦具较短的地下茎，容易结成草皮，放牧时耐践踏，且再生性较强，是很好的放牧型牧草。无芒雀麦寿命长达 25～50 年，一般可连续利用 6～7 年，在精细管理下可维持 10 年左右的稳产高产，干草产量 300～400 千克/亩以上，也是建设打草场的优良牧草。无芒雀麦抗寒性强，返青早、枯萎迟，青草期长达 210 天，是北方高寒地区优良的早春晚秋饲草，也是优良的草坪地被植物和水土保持植物。

5. 栽培技术

（1）选地与整地

选土层较厚的壤土或黏壤土，在秋季施厩肥后深翻耙糖即可。在春季风大的地区，播前耙糖 1～2 次即可播种。

（2）播种

春播、夏播或秋播均可。内蒙古地区春季风大、干旱、墒情差、气温低，春播出苗慢，且容易缺苗，所以一般在夏季 7 月中下旬播种。采用条播，产草田行距 15～30 厘米，种子田行距 45 厘米。播种量产草田为 1.5～2.0 千克/亩，种子田为 0.5～1.0 千克/亩。播深较黏性土壤为 2～3 厘米，沙性土壤为 3～4 厘米，可深覆土。

（3）田间管理

无芒雀麦喜氮肥，厩肥除耕地时施用外，还可于每年冬季或早春施入。每次刈割后或拔节、孕穗期结合灌水施速效肥和适量的磷钾肥，可显著提高产草量和种子产量。无芒雀麦播种当年生长缓慢，苗期易受杂草危害，应及时中耕除草。到了第 4、5 年时，会出现草皮絮结、土壤表面紧实、透水通气受阻的现象，此时需耙地松土、复壮草层。

6. 采收

调制青贮饲料在孕穗至结实期刈割。调制干草在抽穗至开花期贴地刈割。

无芒雀麦当年播种的种子产量较低，而且质量较差，当年不宜采种；第 2、3 年种子产量高，适于留种。一般在 50％～60％小穗变黄、种子完熟时采收。

（三）西伯利亚冰草

1. 概述

西伯利亚冰草 [*Agropyron sibiricum* （Willd.） Beauv.] 为禾

本科冰草属多年生草本，是旱生优良牧草。原产于西伯利亚西部、亚洲中部丘陵区及波浪式的沙土和荒漠地带，广泛分布于俄罗斯，我国内蒙古锡林郭勒盟浑善达克沙地也有分布。西伯利亚冰草与其他冰草相比植株高大，叶量丰富，产草量高。在欧洲和北美洲有较长的栽培历史，我国华北、东北、青海、内蒙古有引种栽培。

2. 植物特征

株高 50~80 厘米。秆疏丛生，直立。叶鞘紧包秆，无毛；叶舌质硬，短小；叶片扁平或干燥时折叠，上面糙涩或有时具微毛，下面光滑。穗状花序微弯曲，穗轴节间较长，具微毛；小穗含 9~11 朵小花，基部二颖之间有时具 1 枚苞片；颖卵状披针形，不对称，具 5~7 条脉，光滑无毛或脊上粗糙；外稃披针形，背部无毛或微糙涩，具 7~9 条脉；内稃略短于外稃，脊上具纤毛。花果期 7—9 月。

3. 生长习性

旱生禾草。在内蒙古产于锡林郭勒（正蓝旗那日图苏木、多伦）。常出现在固定沙丘及流动沙丘中，耐风沙，耐寒，耐旱，耐碱，不耐涝，适合生长于沙壤土和黏质土的干燥地。

4. 利用方式

（1）饲用

西伯利亚冰草为干旱地区优良牧草，其返青早、枯黄迟，生育期一般为 125~145 天，在浑善达克沙地 4 月初返青，10 月底枯黄。因返青早，能较早地为放牧家畜提供青饲料。西伯利亚冰草品质好，营养价值高，适口性好，各种家畜均喜食，是中等催肥饲料。在花果期分析其营养物质，发现干物质含量为 91.38%、粗蛋白 16.60%、粗脂肪 2.10%、粗纤维 30.80%、无氮浸出物 41.70%、粗灰分 8.80%、钙 0.72%、磷 0.27%。与其他冰草相比，西伯利亚冰草产量较高，亩产干草 200 千克左右。西伯利亚冰草种子产量高，易采收，发芽力强，可与木地肤、黄花苜蓿等牧草混播以及在沙蒿草场改良中补播；其再生能力较强，耐践踏，建植的草地具有较强的耐牧性。综上所述，西伯利亚冰草在我国高寒干旱地区建立人工草地及改良天然草地方面具有广泛的利用前景。

（2）生态用

西伯利亚冰草为须根系，无根茎，疏丛型，此草根系发达，抗旱，耐寒，分蘖多，耐践踏，耐瘠薄，固沙性能良好，可用于草场改良和绿化沙漠。

5. 栽培技术

（1）选地整地

西伯利亚冰草对土壤要求不严，但耐涝性较差，因此，需选择不宜积水地块进行种植。可用播种机种植，为防止播种机输种器入土深浅不一致导致的缺苗断垄现象，需精细整地，充分粉碎土块，反复耙糖平整。

（2）播种

西伯利亚冰草春、夏、秋 3 季均可播种，但在草原区春季少雨多风，土壤墒情差，加上旱作条件下出苗、抓苗困难，因此一般选择夏季播种，秋季播种则需注意是否能安全越冬。

采用机械条播，行距 30 厘米，播种深度 3～5 厘米。播种量为 10～15 千克/公顷。机械播种时可同时施入种肥，肥料与种子分箱放置，施肥深度 8～10 厘米，防止种肥直接接触种子。

（3）田间管理

西伯利亚冰草播种当年生长缓慢，要注意中耕除草，有灌溉条件的地区注意适时浇水。

以生产种子为目的栽培的西伯利亚冰草，第 2 年应及时浇返青水，返青后的第一次灌水对种子产量的影响较大。另外要根据需水情况在拔节期、抽穗期、开花期适时浇水，入冬前灌冬水。

6. 采收

植株收获：刈割放牧兼用，于抽穗期刈割一次，然后进行放牧利用。

种子收获：西伯利亚冰草种子成熟期因地区而异，一般在 9 月上中旬。种子成熟需及时采收。

（四）新麦草

1. 概述

新麦草（*Psathyrostachys juncea*）为禾本科新麦草属多年生草本。新麦草为密丛型下繁禾草，其分蘖多，基部叶量丰富，各种家畜均喜食，是良好的放牧型禾草；新麦草寿命长，青绿期长，再生性强，耐刈割，是优良的刈割型禾草；且具有抗旱，抗寒，耐盐碱等特性，是世界各国普遍栽培的一种优良牧草，在内蒙古干旱草原地区同样具有很好的推广利用前景。新麦草为亚洲中部山地分布种，分布于蒙古国西部和南部、俄罗斯、哈萨克斯坦，在我国野生种主要分布在内蒙古、甘肃中部、新疆北部和中部及西部等地。

2. 植物特征

株高 40～80 厘米。密集丛生，具直伸短根茎；茎秆直径约 2 毫米，光滑无毛，仅于花序下部稍粗糙，基部残留枯黄色、纤维状叶鞘。叶鞘短于节间，光滑无毛；叶舌长约 1 毫米，膜质，顶部不规则撕裂；叶耳膜质，长约 1 毫米；叶片深绿色，长 5～15 厘米，宽 3～4 毫米，扁平或边缘内卷，上下两面均粗糙。穗状花序下部为叶鞘所包，长 9～12 厘米，宽 7～12 毫米；穗轴脆而易断，侧棱具纤毛，节间长 3～5 毫米或下部者长达 10 毫米；小穗 2～3 枚生于 1 节，长 8～11 毫米，淡绿色，成熟后变黄或棕色，含 2～3 朵小花；颖锥形，长 4～7 毫米，被短毛，具 1 条不明显的脉；外稃披针形，被短硬毛或柔毛，具 5～7 条脉，先端渐尖成 1～2 毫米长的芒，第一外稃长 7～10 毫米；内稃稍短于外稃，脊上具纤毛，两脊间被微毛；花药黄色，长 4～5 毫米。花期 5—7 月，果期 8—9 月，种子落粒性强。

3. 生长习性

旱生禾草。生于荒漠带的干燥山坡草地。新麦草具有短根茎，分蘖能力强，为密丛型下繁草，强大的根系使其具有较强的抗逆性，抗寒，抗旱，耐盐碱，耐牧，耐刈割。

4. 利用方式

新麦草是一种放牧刈割兼用型的优良牧草，在世界各地被广泛栽培。新麦草叶量大，适口性好，营养价值高，其粗蛋白含量开花期可达 17.83%，较其他禾草相对较高，且青、干草为各类家畜喜食。新麦草为下繁草，其根系发达，分蘖能力强，侵占性强，再生性能高，叶量丰富，青绿期长，可用于天然草地的改良、干旱半干旱地区永久草地的补播和人工旱作放牧场的建设。有研究表明，新麦草株丛的切割可增强分生组织的活力，使草丛分蘖数增加，也能提高新麦草草地的生产能力。轻牧下植株根系生物量会处于最大值；中牧下植株对氮素的利用率及植物粗蛋白含量达到最大；重牧下植株分蘖期含氮量达到最高。

新麦草寿命可长达 20 年，一次种植可多年利用。生产中最大的问题是种子落粒性强，因此种子产量很低。

5. 栽培技术

新麦草以种子繁殖为主，穴播、撒播、条播均可，如地势平坦，选择机械播种效果最佳。

（1）选地与整地

新麦草对土壤要求不高，稍黏重的土壤或干旱沙壤土中均可种植。一般耕深 15~25 厘米，整地要求清除杂物，耙糖平整，播后进行镇压，形成下虚上实的苗床。

（2）播种

春、夏、秋 3 季均可播种。播深 2 厘米以内，覆土 1~2 厘米。播种量打草场一般为 0.5~1.0 千克/亩，放牧地则加大播量，一般为 2~3 千克/亩。新麦草种子容易出苗，春播一般 10~15 天即可出苗，夏播 7~10 天出苗，秋播 10~12 天出苗。

（3）田间管理

新麦草生长前期应适当灌水，以利于保全苗。新麦草喜氮肥，刈割后及时浇水并追施氮肥，可有效提高产草量和粗蛋白含量，且可以延长青绿期。

6. 采收

新麦草牧草收获最佳时期为初花期，留茬高度以 4～5 厘米为宜，每年可刈割 2～3 次。

新麦草当年种植不结实或只有少量结实，一般到第 4 年达到种子生产高峰期。种子落粒性较强，采收损失较大。

（五）老芒麦

1. 概述

老芒麦（*Elymus sibiricus* L.）为禾本科披碱草属植物，别名西伯利亚披碱草、垂穗大麦草，是披碱草属牧草中栽培较多的一种。野生老芒麦主要分布于我国内蒙古、黑龙江、吉林、辽宁、河北、山西、陕西、甘肃、宁夏、青海、新疆、四川、西藏等省区，是草甸草原群落中的主要成员之一，有时能形成亚优势种或建群种。老芒麦适应性强，营养物质丰富，是披碱草属牧草中饲用价值最高的一个种类。在国外作为栽培牧草始于 18 世纪末 19 世纪初，俄罗斯、英国、德国的学者们进行了大量研究，我国最早于 20 世纪 50 年代在吉林开始引种驯化，至 20 世纪 60 年代才在生产上陆续开始推广应用。目前老芒麦在世界上栽培面积不大，不占主导地位，但已成为我国北方地区一种重要的栽培牧草。

2. 植物特征

秆单生或成疏丛，直立或基部稍倾斜，高 60～90 厘米，粉红色，下部的节稍呈膝曲状。叶鞘光滑无毛；叶片扁平，有时上面被短柔毛，长 10～20 厘米，宽 5～10 毫米。穗状花序较疏松而下垂，长 15～20 厘米，通常每节具 2 枚小穗，有时基部和上部的各节仅具 1 枚小穗；穗轴边缘粗糙或具小纤毛；小穗灰绿色或稍带紫色，含（3）4～5 朵小花；颖狭披针形，长 4～5 毫米，具 3～5 条明显的脉，脉上粗糙，背部无毛，先端渐尖或具长达 4 毫米的短芒；外稃披针形，背部粗糙无毛或全部密生微毛，具 5 条脉，脉在基部不太明显，第一外稃长 8～11 毫米，顶端芒粗糙、长 15～20 毫米、稍展开或反曲；内稃几与外稃等长，先端 2 裂，脊上全部具有小纤毛，脊间亦被稀少而微小的短毛。

3. 生长习性

老芒麦为中旱生植物，多生于路旁和山坡上。老芒麦对土壤要求不严，抗盐碱能力较强，一般轻度湿盐碱地生长良好；耐寒能力很强，可以忍耐 −40 ℃ 的低温，有积雪覆盖情况下越冬率更高；抗旱性不强，在干旱地区种植一般要有灌溉条件。

4. 利用方式

老芒麦为短期多年生牧草，寿命一般 10 年左右，在栽培条件下，高产期约能维持 4 年，年产干草 3 000～6 000 千克/公顷，年产种子 750～2 250 千克/公顷。老芒麦返青早，枯黄迟，生长期比一般牧草长 30 天左右，与长期多年生牧草相比，一般当年播种就可以开花结实。

老芒麦属优质饲草，其叶量丰富，播种当年叶量占总草产量的 50% 以上；第 2 年牧草（抽穗期）叶量一般占 45%～50%，茎占 35%～47%，花序占 6%～15%，再生草叶量占 70%～80%。老芒麦是披碱草属适口性最好，营养价值最高的牧草。适时刈割能调制成上等干草，即便收籽后的秸秆也是良好的干草，在刈割后留茬部分还可以放牧。经测定，老芒麦在抽穗期营养价值最高，其干物质中粗蛋白为 13.09%、粗脂肪 2.12%、粗纤维 26.95%、无氮浸出物 34.56%、粗灰分 9.12%，为各类家畜喜食。

5. 栽培技术

（1）选地与整地

老芒麦对土壤要求不严，干旱地区需有灌溉条件。于第 1 年秋季深耕，施足基肥，基肥最好选择厩肥，施肥量一般为 1.5 吨/亩。播种前需耙糖镇压，整平土地。

（2）播种

呼和浩特地区播种时间一般为 4 月下旬至 5 月上旬。老芒麦种子具有长芒，流动性较差，播种前应去芒。大面积生产最好采用播种机播种，加大排舌间隙，随时观察种子流动情况，以防堵塞播种孔。行距 20～30 厘米，播深 2～3 厘米，如以收草为目的，播种量为 1.5～2.0 千克/亩，如以收种子为目的，播种量为 1.0～1.5 千克/亩。

（3）田间管理

老芒麦对水反应敏感，应在拔节至孕穗期及时浇水，每次浇水结合追肥。分蘖期施过磷酸钙 12.5 千克/亩，当年鲜草可增产 43.6%。

6. 采收

老芒麦为上繁草，适宜刈割利用，每年可刈割 1 次，再生草可直接放牧利用。

老芒麦种子落粒性强，当花序下部种子成熟时即可开始采收。

（六）细叶扁蓿豆

1. 概述

细叶扁蓿豆 [*Melilotoides ruthenica* (L.) Scjak var. *blongifolia* (Fr.) H. C. Fu. et Y. Q. Jiang] 为豆科扁蓿豆属多年生优质牧草，别名为花苜蓿、野苜蓿，分布于我国内蒙古、黑龙江、吉林、辽宁。其茎叶质地柔和，可放牧，可刈割调制干草，各类牲畜一年四季喜食。在内蒙古科尔沁地区，细叶扁蓿豆是入秋后刈割饲喂役牛和乘马的传统青草；在呼伦贝尔，巴尔虎人认为细叶扁蓿豆是沙地最好的豆科牧草。其抗寒，抗旱，耐贫瘠，在内蒙古中西部干旱地区具有非常好的推广应用前景。

2. 植物特征

株高 30～60 厘米。根粗壮；茎直立、斜升或近平卧，四棱形，多分枝。叶为羽状三出复叶，小叶矩圆状条形或线形，宽 0.5～2.0 毫米，边缘有锯齿，有时仅在中上部分布，叶片上面无毛，下面被伏毛，叶脉明显。短总状花序腋生，稀疏，具 3～10 朵花；花冠黄色，带紫色；花萼钟状；旗瓣长圆状倒卵形，翼瓣近长圆形，龙骨瓣短于翼瓣。荚果扁平，矩圆形或椭圆形，长 8～12 毫米，宽 3.5～5.0 毫米，表面网纹明显，先端具短喙。种子黄褐色，每荚

2～4粒。花期7—8月，果期8—10月。

3. 生长习性

旱生草本。喜沙，多生于半固定沙丘、固定沙丘间平缓沙坡及新月形沙地边缘。轴根型植物，根颈部紧贴沙土表面，具有抗旱、耐寒、耐风沙、耐贫瘠等特性。在内蒙古产于科尔沁沙地、浑善达克沙地、呼伦贝尔沙地。

4. 利用方式

细叶扁蓿豆为干旱地区优质豆科牧草，营养丰富，适口性好，牛、马、羊终年喜食，具有良好的催肥作用。其叶质柔和，也适宜刈割调制干草。分析其营养成分发现，现蕾期干物质含量为90.89%、粗蛋白16.4%、粗纤维26.56%、无氮浸出物38.27%、灰分8.11%、钙1.38%、磷0.13%。据牧民称，家畜采食此草15～20天便可上膘。孕畜采食此草，所产仔畜肥壮。选择直立型植株进行引种驯化，在建植人工打草场、草地补播改良、生态恢复等方面有良好的应用前景。

5. 栽培技术

（1）选地与整地

选择沙壤土或壤土，播种前进行耕翻耙糖，同时施入厩肥。如草地补播则采用免耕法种植。

（2）播种

细叶扁蓿豆硬实率高，播种前用碾米机轻度搓皮，去除硬实，可有效提高出苗率。可条播或穴播。无灌溉条件地区在雨季抢墒播种。有灌溉条件地区春、夏、初秋均可播种。

条播多采用机械播种，覆土1～2厘米，播种量1.5～2.5千克/亩。草场补播多采用穴播，播种前温水浸种催芽，每穴5～7粒种子。株行距30厘米×40厘米，浅覆土，踩实。

（七）木地肤

1. 概述

木地肤（*Kochia prostrate* L.）为藜科地肤属半灌木，是干旱地区著名的藜科优等饲用植物。其叶量丰富，草质柔软，蛋白质含量高时可达 19％～22％，可与一般豆科牧草媲美。木地肤不仅草质优良，其产量也很高，在栽培条件下，其株高可达 60～120 厘米，每株丛分枝 100～200 多条，每丛干重可达 2 千克左右，亩产干草最高可达 1 500 千克。除此之外，木地肤根系发达，根长可达 2～3 米，强大的根系保证了水分的吸收，在干旱地区具有很强的适应性，是内蒙古干草原与荒漠草原以至荒漠地区进行栽培或用以改良草场的优良草种。

2. 植物特征

株高 10～60 厘米。根粗壮，木质，斜走。茎基部木质化，浅红色或黄褐色。分枝多而密，于短茎上呈丛生状；枝纤细，被白色柔毛，有时被长绵毛，上部近无毛。叶于短枝上呈簇生状，叶片条形或狭条形，长 0.5～2.0 厘米，宽 0.5～1.5 毫米，先端锐尖或渐尖，两面被疏或密的开展绢毛。花单生或 2～3 朵集生于叶腋，或于枝端构成穗状花序；花无梗，不具苞片；花被壶型或球形，密被柔毛。花被片 5 片，密生柔毛，果期变革质，自背部横生 5 个干膜质薄翅；翅菱形或宽倒卵形，顶端边缘有不规则钝齿。雄蕊 5 枚，花丝条形，花药卵形。花柱短；柱头 2 个，有羽毛状突起。胞果扁球形；果皮近膜质，紫褐色；种子横生，圆形，压扁，黑褐色，直径 1.5～2.0 毫米。花果期 6—9 月。

3. 生长习性

旱生半灌木。木地肤耐寒，抗旱，耐瘠薄，具有很强的生态适应性。其在小针茅-葱类草原中可成为优势种，亦可在沙丘间平缓地差巴嘎蒿群落中成为建群种，常在冰草、隐子草沙地草原作为伴生种出现。木地肤返青早，3 月底至 4 月初开始萌发新枝，5 月中旬至 6 月中旬为营养生长旺盛期，7 月中旬至 8 月中旬为现蕾期，8 月下旬至 9 月上旬为开花结实期，9 月下旬至 10 月上旬为果熟期。

4. 利用方式

（1）饲用

木地肤为优质饲用植物，由于其春季返青较早，冬季残株保存完好，粗蛋白含量较高，故在放牧场上能被早期利用，对家畜恢复体膘、改善冬瘦春乏状况具有较大的意义。木地肤青鲜状态的枝叶和花序为马、羊、骆驼所喜食，一般认为秋季的木地肤对绵羊和山羊有抓膘作用。开花前刈割的干草为各种家畜喜食。木地肤具有较高的营养价值，分析其营养成分发现含干物质 93.58%、粗灰分 15.49%、半纤维素 17.41%、纤维素 16.63%、木质素 1.29%、粗蛋白 18.59%、粗脂肪 2.63%、钙 2.63%、磷 0.26%。从营养成分上来看，木地肤粗灰分和钙含量较高，粗蛋白与优良豆科牧草相近，较禾本科牧草高。木地肤的叶量丰富，茎叶比为（1：3）～（1：3.5），当年生枝条占 80% 以上，因此饲用品质较高。木地肤产草量高，在人工种植条件（栽培条件）下，播种第 1 年植株平均高度为 25～30 厘米，翌年可达 80～100 厘米，与自然条件下相比，栽培条件下产量可提高 3～4 倍。除此之外，木地肤还具有较强的再生性能。综上所述，木地肤品质好、产量高、利用时间长，是干旱地区的优良饲用植物。

（2）生态用

沙生木地肤具有十分发达的轴状根系。一般成年后根长达 2～3 米，最大深度达 5 米以上，侧根可长达 1.6 米。当年根系生长迅速，可超过地上部分的 1.5～2.0 倍。茎与根的长度比为（1：3）～（1：4）。强大的根系保证了木地肤能从土壤深层吸收所需要的水分，在干旱年份，当禾草因缺水凋萎时，木地肤仍能正常生长。木地肤苗木移栽成活率高，只要移栽时土壤保持一定湿度，移栽成活率可达 90% 以上。木地肤易栽植、抗旱性强的特点，使之成为干旱荒漠区生态恢复的优良植物。

5. 栽培技术

木地肤栽培主要用种子繁殖的方式。木地肤种子细小、质轻，千粒重仅为 1.5～2.0 克，顶土能力弱，不宜直播。生产中多采用育苗移栽的栽培方法。

（1）选地整地

选择背风、通透性好、地势平缓的沙壤土或沙土。施足基肥，深耕细耙耱平，作高畦，畦高 30～40 厘米，畦宽 1～2 米，畦长依地形和灌溉条件而定。

（2）播种

木地肤种子为短命种子，种子收获后于第 2 年春季 3 月下旬至 4 月上旬播种。将种子与湿沙以 1∶2 或 1∶3 的比例混合，条播或撒播。播种量为 2.5～3.0 千克/亩，播深 1.0～1.5 厘米，浅覆土。出苗前畦面需保持湿润，待苗全后宜少浇水，避免积水。

（3）移栽

木地肤苗木移栽成活率高，在移栽地土壤湿度有保证的前提下，苗木成活率可达 90％以上。

人工草地建植：木地肤人工草地建植地可选择种植作物效益低下的弃耕地。在春、秋季进行移栽，春季移栽于 4 月初植株萌动前进行，秋季移栽在 10 月上中旬植株停止生长后进行，夏季墒情好时也可移栽。移栽工具采用打孔器或植树机，栽植量为每亩 3 000 株，行距 45～50 厘米，株距 30～40 厘米，移栽深度 25～30 厘米。移栽后及时浇缓苗水，5 月至 6 月再浇 1 次水，以后不用浇水。

旱作放牧场建植：木地肤抗旱，耐风沙，可以在沙地移栽，以改良退化草地为放牧场。移栽时采用免耕法，用打孔器或者植树机栽植，为保证苗木成活率，需把根栽入湿沙层中。在家庭牧场培育中，则采用滴灌的方式进行建植。补植密度根据植被状况而定。

混播人工草地建植：木地肤混播人工草地建植可以与西伯利亚冰草、沙芦草等混作。

（4）田间管理

木地肤苗期生长十分缓慢，易受杂草侵害，因此待苗高 5～10 厘米时及时中耕锄草。木地肤播种第 1 年必须加强保护，封闭禁牧。有条件时多浇水施肥，以提高产草量，增加利用年限。

6. 采收

植株收获：木地肤最佳刈割期为初花期，此时收获草质好，营养成分高。

种子收获：木地肤种子成熟期因地区而异，一般在 9 月下旬至 10 月上中旬。种子成熟后极易落粒，尤其在大风天气，所以，在花序 20% 变为深色，种子呈褐色或深褐色时即可及时采收种子，否则影响种子产量。收割后晾晒 5~7 天，待植株干后轻打 2 次脱粒。此时种子含水量仍较高，不宜马上装袋。

（八）冷蒿

1. 概述

冷蒿（*Artemisia frigida* Willd.）为菊科蒿属多年生草本，有时略成半灌木状，别名为小白蒿、兔毛蒿，是草原小半灌木群落的主要建群种。分布于我国黑龙江、吉林、辽宁、内蒙古、河北、山西、陕西、宁夏、甘肃、青海、新疆、西藏等省区，在内蒙古分布尤为广泛。冷蒿为优良牧草，马和羊四季均喜食其枝叶，骆驼和牛也乐食，干枯后各种家畜均乐食，为家畜的抓膘草之一。冷蒿全草可入药，蒙药名为阿给，能止血、消肿，为蒙古族常用药用植物；也可入中药，有止痛、消炎、镇咳作用，有时可代替茵陈。当前对于冷蒿的研究多集中于生理和生态方面，鲜见其引种栽培方面的报道，这可能与冷蒿种子甚小，千粒重仅为 0.1 克，收集种子较困难有一定的关系。

2. 植物特征

株高 10~50 厘米，主根细长或粗，木质化，多侧根；根状茎粗短或稍细，营养枝多数，密生营养叶。茎直立，常与营养枝形成疏松或稍密集的株丛，基部常木质化；茎、枝、叶及总苞片背面密被灰白色绢毛。营养枝叶与茎下部叶长矩圆形，二（至三）回羽状全裂；中部叶矩圆形，一至二回羽状全裂，基部裂片半抱茎，并成假托叶状，无柄；上部叶与苞片叶羽状全裂或 3~5 全裂，裂片披针形。头状花序半球形、球形或卵球形，在茎上排成总状花序；雌花 8~13 朵，花冠狭管状；两性花 20~30 朵，花冠管状。瘦果矩圆形或椭圆状倒卵形。花果期 7—10 月。

3. 生长习性

广幅旱生半灌木状草本。广布于草原带和荒漠草原带，沿山地也进入森林草原带和荒漠带中，多生于沙质、沙砾质、砾石质土壤上，是草原小半灌木群落的主要建群种，也是其他草原群落的伴生植物或亚优势植物。冷蒿根系发达，根系入土深度超过株高的 45 倍，根幅大于冠幅 2～3 倍；具有不定根，植株受践踏后，枝条脱离母株后能发育成新个体；具有耐寒、耐旱、耐牧、耐盐渍等特性。

4. 利用方式

（1）药用

冷蒿是重要的蒙药用植物，在蒙医药大师占布拉道尔吉的经典蒙药著作《无误蒙药鉴》中就有冷蒿药用的记载。冷蒿全草入蒙药，味苦，性凉、钝、糙、燥，可止血、消肿。临床上用于治疗各种关节肿胀、月经不调、出血、肾热、疮痛等，冷蒿煅炭止血就是蒙医常用的一种止血方法。在蒙古族地区，民间常用冷蒿茎叶煎煮擦拭患处，用于治疗蚊虫叮咬及引起的疮痈；也可用于治疗去势家畜或外伤引起生蛆及伤口不育，具有杀虫、杀菌的作用。冷蒿全草也可入中药，味苦、辛，性微寒，主治湿热黄疸、小便不利、风痒疮疥等。

（2）饲用

冷蒿是牧场冬、春季牧草缺乏时的主要牧草，牧民对其评价极高，认为是抓膘、保膘与催乳的优良植物。母羊产羔后采食，下奶快且多，羔羊健壮；牛采食后上膘快。冷蒿全年可食，但在开花后因气味较浓，可食性下降，只有骆驼终年喜食。霜冻之后，冷蒿营养枝尚保存良好，柔软而多汁，并保持其原有色泽，因此家畜，特别是羊、马极喜采食。干草中的冷蒿亦为家畜所喜食，采食后具有驱虫之效。春季冷蒿萌发早，其地上部分全部可食。冷蒿具有较高的营养价值，花期其鲜草干物质中含粗蛋白 12.2%，粗脂肪 6.8%，粗纤维 42.2%，无氮浸出物 31.6%，粗灰分 7%，钙 1.38%，磷 0.67%，是优良的放牧场牧草。

（3）其他用途

除饲用和药用外，在草原地区，蒙古族在传统祭祀活动中将冷蒿作为焚香使用；日常生活中，牧民用冷蒿的烟来净化盛奶器皿、牲畜圈和庭院；还会取其嫩枝，用热水烫后和玉米面混合蒸熟食用。

5. 栽培技术

冷蒿繁殖可采用种子繁殖或分株繁殖。

（1）选地与整地

选择排水良好的沙壤土或沙质土，沙地或撂荒地也可播种。播种前须深耕耙糖平整，冷蒿种子极细小，播种前需压实表土。

（2）播种

有灌溉条件的可先灌溉，待地面不黏脚时播种。无灌溉条件的宜选择在雨季前或化雪后播种。可撒播或条播，条播行距 30 厘米，播深 1 厘米左右，覆土不超过 0.5 厘米，播种量 0.2 千克/亩。

（3）分株繁殖

冷蒿具有不定根，当枝条与地面接触后，条件适宜时即长出不定根，形成新的植株，繁殖系数较大。移栽株行距 30 厘米×40 厘米，移栽后及时浇缓苗水。

（4）田间管理

冷蒿播种当年不开花，只进行营养生长。苗期可适当除草，之后冷蒿基本会封闭起来，杂草不能生长。出苗初期可适当浇水，之后自然降水即可满足其水分需求。

六、美味的野菜

野菜是指未经引种驯化和人工管理的，可作蔬菜供人类食用的野生植物。野菜生长于旷野，它们采天地之精华，吸日月之灵气，是大自然的精髓之一。它们经过长期的自然选择，风味俱佳，营养丰富，而且无污染、无公害，是天然的绿色食品。野菜的采食在我国源远流长，尤其是近些年，在健康理念的倡导下，野菜资源的开发利用已逐渐向商品生产方面转化，从简单食用向综合利用方面发展，野菜成为餐桌上的主流食品之一。

（一）救荒野豌豆

1. 概述

救荒野豌豆（*Vicia sativa* L.）为豆科野豌豆属一年生或二年生草本，别名巢菜、箭筈豌豆、普通苕子。原产于欧洲南部和亚洲西部，为南欧-西亚种。内蒙古赤峰丘陵（红山区）、燕山北部（喀喇沁旗旺业甸林场）和东阿拉善（杭锦后旗）有栽培种或逸生种，为优等的饲用植物和绿肥植物。含有丰富的蛋白质和脂肪，营养价值较高。

2. 植物特征

株高 20～80 厘米，茎斜升或借卷须攀缘，单一或分枝，有棱，被短柔毛或近无毛。叶为双数羽状复叶，具小叶 8～16 片；叶轴末端具分枝的卷须；托叶半边箭头形，通常具 1～3 个披针形的齿裂；小叶椭圆至矩圆形，长 10～25 毫米，宽 5～12 毫米，先端截形或微凹，具刺尖，基部楔形，全缘，两面疏生短柔毛。花 1～2 朵腋生；花梗极短；花萼筒状，被短柔毛，萼齿披针状锥形至披针状条形，比萼筒稍短或近等长。花紫色或红色，长 20～23 毫米；旗瓣长倒卵圆形，顶端圆形或微凹，中部微缢缩，中部以下渐狭；翼瓣短于旗瓣，显著长于龙骨瓣。子房被微柔毛，花柱很短，下弯，顶端背部有淡黄色髯毛。荚果条形，稍压扁，长 4～6 厘米，宽 5～8 毫米，含种子 4～8 粒；种子球形，棕色。花期 6—7 月，果期 7—9 月。

3. 生长习性

中生草本。多生于山脚草地、路旁、灌木林下或麦田中。

4. 利用方式

（1）食用

救荒野豌豆籽粒含蛋白质 29.7%～31.3%，出粉率 53.8%，可加工成淀粉、粉条、粉丝等食用。用救荒野豌豆粉与适量面粉混合，可制作面条、馒头、烙饼等食品，别有风味，深受群众喜爱。但种子中含有生物碱和氰苷，氰苷经水分解后释放出氢氰酸，食用过量能使人畜中毒。在食用前经浸泡、淘洗、磨碎、炒熟、蒸煮等加工工艺处理后，其氢氰酸含量会大幅度下降，不会有中毒危险，但应避免大量长期连续食用。其植株长到 10～15 厘米时，取顶部 5 厘米左右的嫩枝，经过开水焯烫，可拌成凉菜食用，香气浓郁。

（2）蜜源用

救荒野豌豆花期长达 30～45 天，是良好的蜜源植物。蜜蜂酿蜜 1 千克，需从 60 万～80 万朵小花中采取蜜汁，1 亩种子田约有小花 2 000 万朵，可供酿造约 25 千克蜂蜜。

（3）饲用

救荒野豌豆是各类家畜，特别是猪、奶牛和鸡的夏、秋季高蛋白、多汁青绿饲料和冬、春季优质青干草或草粉来源之一。

5. 栽培技术

（1）土壤

救荒野豌豆对土壤要求不严，但喜沙质、壤质中性土壤，也可在微酸性或微碱性土壤、干旱贫瘠地种植。不适宜在低凹潮湿或积水地种植。

（2）施肥

播种前在翻耕、整地的同时施足有机肥，每亩 1 500～2 500 千克，每亩还要施入过磷酸钙 25～50 千克或磷酸氢二铵 10～15 千克作为基肥，对牧草和种子生产均有良好效果，磷肥还能促进根瘤菌的固氮作用。

（3）播种

播种期：在早春或上年入冬时播种。

播种量：种子田每亩 2.0～2.5 千克，收草地每亩 3～4 千克，与禾本科牧草混播比例为 1∶1 或 2∶1（禾本科牧草为 2）。

播种方法：种子田应单播、条播或穴播，条播行距 40～50 厘米；收草地可撒播或条播，行距为 20～30 厘米；播种后进行镇压。

套种或复种的种子，应在播种前 2～3 天用水浸种，水量以与种子齐平为宜，2～3 小时翻动一次，待有 50％左右的种子萌动时播种。播种深度一般为 2～3 厘米，土壤湿润黏重宜浅，土壤干燥疏松宜深。

（4）田间管理

及时中耕除草，加强护青管理工作。种子田切忌牲畜危害，中耕深度 3～6 厘米，进行 2～3 次。

6. 采收

收获时期主要根据用途来确定。

压青肥田或干草饲喂在盛花期翻压或收割较好。果园压青：在距果树根部 30～40 厘米开挖翻压沟，将鲜草放入翻压沟内盖土压实。

鲜草饲喂可在苗高 30 厘米左右时逐步间苗。

收获种子在植株上的荚果有一半以上黄熟时即可收割。救荒野豌豆种子休眠期短，收割过迟时若遇阴雨易发芽。籽粒进仓贮藏前必须充分晒干，以防发热霉烂变质。

（二）碱韭

1. 概述

碱韭（*Allium polyrhizum* Turcz. ex Regel）为百合科葱属多年生草本。内蒙古呼伦贝尔、科尔沁、锡林郭勒、乌兰察布、鄂尔多斯、东阿拉善、西阿拉善、额济纳均有分布。各种牲畜喜食，为优等饲用植物。

2. 植物特征

鳞茎多枚紧密簇生，圆柱状，外皮黄褐色，撕裂成纤维状。叶半圆柱状，边缘具密的微糙齿，直径 0.3～1.0 毫米，短于花葶。花葶圆柱状，高 10～20 厘米，近基部被叶鞘；总苞 2～3 裂，膜质，宿存；伞形花序半球状，具多而密集的花；小花梗近等长，长 5～8 毫米，基部具膜质小苞片，稀无小苞片；花紫红色至淡紫色，稀粉白色。外轮花被片狭卵形，长 2.5～3.5 毫米，宽 1.5～2.0 毫米；内轮花被片矩圆形，长 3.5～4.0 毫米，宽约 2 毫米。花丝等长，稍长于花被片，基部合生并与花被片贴生，外轮者锥形，内轮者基部扩大，扩大部分每侧各具 1 个锐齿，极少无齿。子房卵形，不具凹陷的蜜穴，花柱稍伸出花被外。花果期 7—8 月。

3. 生长习性

碱韭为强旱生草本。多生于荒漠带、荒漠草原带、半荒漠及草原带的壤质、沙壤质棕钙土、淡栗钙土及石质残丘坡地上，是小针茅草原群落常见成分，甚至可成为优势种。碱韭适应盐碱能力强，在降水量多于 300 毫米的草原地区，生长在碱化或轻度盐化的土壤上；在松嫩草原，多生于碱斑地上，集中在封闭低地和碱湖外围。碱韭大量分布在荒漠化草原地带，适宜的降水幅度为150～250 毫米，对土壤要求不严格，除在表土强烈沙化土壤生长不良外，在沙壤土、壤土乃至黏土均能很好地生长，土壤质地越细，往往长势越佳。经常与短花针茅、沙生针茅等组成草场，局部地段也能见到碱韭为主的草场。在内蒙古西部一般为 5 月上旬开始发育，6 月中旬叶长齐，植物体形成密集小丛，7 月中旬花开放，花期延续至 8 月，7 月底至 9 月中旬为果期，初霜后叶子变黄。

4. 利用方式

（1）食用

碱韭为天然调味品。花序采摘阴干备用，直接添加或炝油，有其他调味品没有的特殊香味。

（2）饲用

碱韭是一种季节性的放牧型饲草，所有家畜均采食。羊喜食，为抓膘的优质草之一，此草能提高羊肉品质。骆驼也喜食，马和牛采食量较少。其叶子晒制后，冬、春季节可补喂羔羊和弱畜，是一种品质优良的牧草。

5. 栽培技术

（1）选地和整地

选择具有灌溉条件的沙壤土或其他类型土壤，进行覆沙翻耕，改善土地的透气性。

（2）繁殖方法

种子繁殖：在整理好的试验地上，分别在 4 月和 8 月中旬进行春播、秋播，播深 2 厘米左右；播前适当进行种子硬实处理，可用冷热水交替加入浸种，播种量一般为 3.0 千克/亩。

分根移栽：将种子繁殖苗或野生苗从根部撕裂分成单株，按不同的株行距进行栽植。

（3）田间管理

定苗：定苗密度宜选 10 厘米×10 厘米，并将间出的苗假植好，及时移栽。

松土：当碱韭出芽后，应及时进行松土。

施肥：不宜追施尿素，易导致烧苗和休眠。一般用羊粪＋磷酸二氢钾结合灌水撒施。

灌水：刈割后及时灌水。越冬前浇透水，使其安全过冬。

病虫害防治：常见的病害是叶枯病，虫害是蚂蚁。

抽薹结种：种子繁殖的碱韭，第 2 年 8 月抽薹开花结实，移栽的碱韭当年 7 月中旬开花结实。

留种：选择生长健壮、簇大、茎叶粗壮的碱韭留种。

6. 采收

种子直播的碱韭，翌年 5 月起，每 20 天刈割一次；移栽苗栽后 1 个月即可刈割，每 15 天刈割一次，既不影响其生长，又不影响其产量。刈割的方法是用锋利的小铲从碱韭近地面（叶鞘）处平茬。

（三）蒙古韭

1. 概述

蒙古韭（*Allium mongolicum* Turcz. ex Regel）为百合科葱属多年生草本。蒙古韭是西北地区人民喜爱的优良佳肴，富含多种维生素，具较高的营养价值。产于内蒙古、新疆、青海、甘肃、宁夏北部、陕西北部、山西北部、河北北部、辽宁西部、吉林西部和黑龙江西部。生于海拔 800～2 800 米的荒漠、沙地或干旱山坡。中亚和西伯利亚东部以及蒙古国也有分布。所有家畜都采食。羊、骆驼喜食，马和牛采食量较少。为抓膘的优质草之一，放牧利用能提高肉的品质。在小花棘豆分布比较普遍的产区，家畜因食小花棘豆中毒后，喂食蒙古韭可以解毒。

2. 植物特征

鳞茎密集丛生，圆柱状；鳞茎外皮褐黄色，呈松散的纤维状。伞形花序半球状至球状，具多而通常密集的花；小花梗近等长，从与花被片近等长直到比其长 1 倍，基部无小苞片。花淡红色、淡紫色至紫红色，大；花被片卵状矩圆形，长 6～9 毫米，宽 3～5 毫米，先端钝圆，内轮的常比外轮的长。花丝近等长，为花被片长度的 1/2～2/3，基部合生并与花被片贴生，内轮的基部约 1/2 扩大成卵形，外轮为锥形。子房倒卵状球形；花柱略比子房长，不伸出花被外。花期 6—8 月。

3. 生长习性

耐旱，耐寒。在湿润、肥沃的沙壤土中生长良好。

4. 利用方式

（1）食用

蒙古韭是西北地区人民喜爱的优良佳肴，通常用采摘来的新鲜蒙古韭和刚宰杀的大尾羊肉所做的蒙古韭包子招待客人。将韭花采摘回来，用盐腌上或晾晒干，做汤煮肉时往锅里放上一把韭花就四溢飘香。蒙古韭嫩茎不易久存，可炮制时令佳肴水汆蒙古韭：把蒙古韭嫩茎洗净，放入开水锅焯 1 分钟，然后捞出拌上精盐、陈醋，其腌制品存储保质期可达 5 个月以上。

（2）药用

蒙古韭地上部分可入蒙药，对降血压有一定的疗效。能开胃、消食、杀虫，主治消化不良、不思饮食、秃疮、青腿病等。

（3）饲用

蒙古韭属优等饲用植物，各种家畜皆喜食，长膘快，且不易消瘦，牧民到了夏季常找寻生长此种牧草的草地放牧，是催肥型或抓膘型牧草。

（4）绿化用

蒙古韭纤细清秀，叶色翠绿，花色鲜艳，美丽别致，是优良的花坛、地被或室内盆栽材料。

5. 栽培技术（参照碱韭的栽培技术）

（1）选地和整地

选择具有灌溉条件的沙壤土或其他类型土壤，进行覆沙翻耕，改善土地的透气性。

（2）繁殖方法

种子繁殖：在整理好的试验地上，分别在 4 月和 8 月中旬进行春播、秋播，播深 2 厘米左右；播前适当进行种子硬实处理，可用冷热水交替加入浸种，播种量一般为 3.0 千克/亩。

分根移栽：将种子繁殖苗或野生苗从根部撕裂分成单株，按不同的株行距进行栽植。

（3）田间管理

定苗：定苗密度宜选 10 厘米×10 厘米，并将间出的苗假植好，及时移栽。

松土：当蒙古韭出芽后，应及时进行松土。

施肥：蒙古韭不宜追施尿素，易导致烧苗和休眠。一般用羊粪＋磷酸二氢钾结合灌水撒施。

灌水：刈割后及时灌水。越冬前浇透水，使其安全过冬。

病虫害防治：常见的病害是叶枯病，虫害是蚂蚁。

抽薹结种：种子繁殖的蒙古韭，第 2 年 8 月抽薹开花结实，移栽的蒙古韭当年 7 月中旬开花结实。

留种：选择生长健壮、簇大、茎叶粗壮的蒙古韭留种。

6. 采收

种子直播的蒙古韭，翌年 5 月起，每 20 天刈割一次；移栽苗栽后 1 个月即可刈割，每 15 天刈割一次，既不影响其生长，又不影响其产量。刈割的方法是用锋利的小铲从蒙古韭近地面（叶鞘）处平茬。

（四）野韭

1. 概述

野韭（*Allium ramosum* L.）为百合科葱属多年生草本。生于森林带和草原带的草原砾石质坡地、草甸草原、草原化草甸群落中，在内蒙古产于兴安北部、岭东和岭西、呼伦贝尔、兴安南部及科尔沁扎鲁特旗、科尔沁右翼中旗、阿鲁科尔沁旗、巴林右旗、克什克腾旗、赤峰丘陵、燕山北部、锡林郭勒、乌兰察布、阴山、阴南丘陵、鄂尔多斯、贺兰山。野韭叶富含多种营养元素，嫩叶中除含有蛋白质、脂肪、糖类外，还含有钙、铁、胡萝卜素、维生素等。野韭性味辛、温，有温中下气、补肾益阳、健胃提神、调整脏腑、理气降逆、暖胃除湿、散血行癖和解毒等作用，可作蔬菜食用，花可腌渍成"韭菜花"调味佐食。羊和牛喜食，马乐食，为优等饲用植物。

2. 植物特征

根状茎粗壮，横生，略倾斜；鳞茎近圆柱状，簇生，外皮暗黄色至黄褐色，破裂成纤维状，呈网状。叶三棱状条形，背面纵棱隆起呈龙骨状，叶缘及沿纵棱常具细糙齿，中空，宽1～4毫米，短于花葶。花白色或稀粉红色。花被片常具红色中脉；外轮花被片矩圆状卵形至矩圆状披针形，先端具短尖头，通常与内轮花被片等长，但较狭窄，宽约2毫米；子房倒圆锥状球形，具3条圆棱，外壁具疣状突起，花柱不伸出花被外。花果期7—9月。

3. 生长习性

野韭是较常见的草原植物，多生长在草原地带的平坦地或坡麓。喜肥沃和湿润的土壤，尤适宜于沙壤质冲积土壤，在河流两岸的阶地上和干谷底部常可以见到成片的野韭草场。在荒漠带野韭只分布在山地垂直带中的草原带部位。野韭适宜的降水幅度一般在300～500毫米。以野韭为主的草场，每亩可产鲜草150千克左右，与羊草组成的草场可达250千克，与大针茅组成的草场可达75～175千克。后两类草场葱属产量占12%～27%。野韭通常5月初开始萌发，5月中旬即可见到灰蓝色的叶，6月中旬营养体长成并开始抽茎，6月下旬进入花期，花期15~20天，7月底至9月上旬为果期，果后叶子不碎落，直至霜冷。冬季果实和花葶仍残留在鳞茎上。

4. 利用方式

（1）食用

主要食用部位为叶片和花，其花可做酱或干制成调味品，其叶片可凉拌、炒食、腌制或做汤馅食用。

（2）饲用

野韭是放牧型饲草。羊四季均喜食，马和牛虽四季喜食，但与其他草相混合采食。野韭含有较低的中性洗涤纤维和酸性洗涤纤维，较高的粗蛋白和粗脂肪，是一种优质的野生饲草。

（3）绿化用

野韭可通过引种驯化作改良天然草地补播之用。

5. 栽培技术

（1）整地施肥

育苗地应便于排灌，选近1~2年未种过葱蒜类蔬菜的沙壤土或黏壤土，冬前深耕，浇冻水，翌春顶凌耙耕以保墒。亩施腐熟农家肥4~5米³（因密度不均匀，此处按体积计算）。为防韭蛆，可每亩施用5%辛硫磷颗粒剂2千克，加干细土10~15千克，均匀撒施，浅耕后细耙，整平作畦，畦宽1.2~1.5米，长7~10米，便于管理。

（2）适期育苗

秧苗生长缓慢，应适期早播，以3月下旬至4月下旬播种为宜。浸种催芽后采用湿播法在苗畦内撒播，分两次覆土，第1次覆一层薄土，返潮后第2次覆土，覆土总厚度2厘米。每亩用种量6~8千克。覆土后盖地膜，以利增温保墒，出苗后揭去地膜。一般1亩秧苗可栽植7~9亩菜田。

（3）秧田管理

苗高5厘米左右轻浇一水，及时松土；10厘米以后，可结合浇水溜施腐熟粪肥或追施尿素 2～3 次，并随水每亩冲施晶体敌百虫 0.5～1.0 千克，以杀灭韭蛆等害虫。苗高 15 厘米后控制灌水，以防徒长倒伏。杂草应及时拔除，在苗高 12 厘米左右时，每亩用 0.50～0.75 千克 25％除草醚防除，或在播种后出苗前每亩用 0.15 千克 33％二甲戊灵乳油喷雾处理地表。

（4）合理移栽

选土壤肥沃、排灌方便的地块，每亩施腐熟农家肥 4～5 米³，整平作畦。畦宽 2～3 米，每 3 畦一组，在其北侧设 1 米宽的防寒带。6 月下旬至 7 月上旬移栽。移栽前将须根末端剪掉，齐鳞茎理成小把。平畦穴栽，行距 13～20 厘米，穴距 10～15 厘米，每穴 6～8 株为宜。栽植时以不埋没叶鞘为宜，栽植后踏实，及时浇水。

（5）田间管理

当新叶发出后应浇缓苗水，并中耕保墒，保持土壤见干见湿。入秋后正值生长最旺盛时期，要充分供应肥水。以后气温逐渐降低，植株生长缓慢，保持地表不干即可。霜冻后即转入拱棚管理。

6. 采收

种子直播的野韭，翌年 5 月起，每 20 天刈割一次；移栽苗栽后 1 个月即可刈割，每 15 天刈割一次，既不影响其生长，又不影响其产量。

（五）马齿苋

1. 概述

马齿苋（*Portulaca oleracea* L.）为马齿苋科马齿苋属一年生草本。产于内蒙古各地，分布遍及世界温带和热带地区，为世界分布种。全草入药，能清热利湿、凉血解毒、利尿等。可作土农药，用来杀虫和防治植物病害。嫩茎叶可作蔬菜，也可作饲料。

2. 植物特征

一年生草本，全株光滑无毛，茎平卧或斜倚，伏地铺散，多分枝，圆柱形，长 10～15 厘米，淡绿色或带暗红色。叶互生，有时近对生，叶片扁平，肥厚，倒卵形，似马齿状，长1～3厘米，宽0.6～1.5厘米，顶端圆钝或平截，有时微凹，基部楔形，全缘，上面暗绿色，下面淡绿色或带暗红色，中脉微隆起，叶柄粗短。花无梗，直径4～5毫米，常3～5朵簇生枝端，午时盛开；苞片2～6片，叶状，膜质，近轮生；萼片2片，对生，绿色，盔形，左右压扁，长约4毫米，顶端急尖，背部具龙骨状突起，基部合生；花瓣5片，稀4片，黄色，倒卵形，长3～5毫米，顶端微凹，基部合生；雄蕊通常8枚，或更多，长约12毫米，花药黄色；子房无毛，花柱比雄蕊稍长，柱头4～6裂，线形。蒴果卵球形，长约5毫米，盖裂；种子细小，多数偏斜球形，黑褐色，有光泽，直径不及1毫米，具小疣状突起。花期5—8月，果期6—9月。

3. 生长习性

我国南北各地均产。生于菜园、农田、路旁，为田间常见杂草。广布全世界温带和热带地区。马齿苋喜高湿，耐旱，耐涝，具向阳性，适宜在各种田地和坡地栽培，以中性和弱酸性土壤较好。其发芽温度为18℃，最适宜生长温度为20～30℃。当温度超过20℃时，可分期播种。

4. 利用方式

（1）食用

马齿苋含有丰富维生素及钙、磷、铁等，营养价值较高，生食、烹食均可，柔软的茎可像菠菜一样烹制，其茎和叶可用醋腌泡食用。

（2）药用

马齿苋地上部分可清热解毒、凉血止血，种子可明目、利大小肠。

5. 栽培技术

（1）育苗播种

马齿苋种子籽粒极小，整地一定要精细，播后保持土壤湿润，7～10天即可出苗。播深2厘米左右，播种量一般为0.5～0.7千克/亩。

（2）移栽

播后 15～20 天即可移入大田栽培，栽培面积较小时也可直接扦插到大田。移栽前将土地翻耕，结合整地每亩施入 1 500 千克完全腐熟的人粪或 15～20 千克三元复合肥，然后按 1.2 米宽开厢，按株行距 12 厘米×20 厘米定植，栽后浇透定根水。为保证成活率，移栽最好选阴天进行，如在晴天移栽，栽后 2 天内应采取遮阳措施，并于每天傍晚浇水一次。移栽时按要求施足基肥后，前期可不追肥，以后每采收 1～2 次追施一次稀薄人畜粪水，形成的花蕾要及时摘除，以促进营养枝的抽生。干旱时适当浇水。马齿苋整个生育期间病虫危害极少，一般不需喷药。

6. 采收

植株采收：马齿苋商品菜采收标准为开花前 10～15 厘米长的嫩枝。如采收过迟，不仅嫩枝变老、食用价值差，而且影响下一次分枝的抽生和全年产量。采收一次后隔 15～20 天又可采收。如此可一直延续到 10 月中下旬。生产上一般采用分期分批轮流采收。

种子采收：马齿苋留种地块一开始就应从生产商品菜的地块中划出，栽培管理措施与商品菜生产相同，所不同的是留种地块不采收商品菜，任其自然发枝、开花、结籽。开花后 25～30 天，蒴果（种壳）呈黄色时，种子便已成熟，应及时采收，否则便会散落在地。此外，还可在生产商品菜的大田中有间隔地选留部分植株，任其自然开花结籽后散落在地，第 2 年春季待其自然萌发幼苗后再移密补稀进行生产。

（六）车前

1. 概述

车前（*Plantago asiatica* L.）为车前科车前属植物，别名车轮草、车轱辘菜。生于草甸、沟谷、路边、耕地、田野。产于内蒙古各地。种子及全草入药。种子能清热、利尿、明目、祛痰等，也入蒙药（蒙药名为乌和日-乌日根纳），能止泻、利尿，主治腹泻、水肿、小便淋痛。

2. 植物特性

多年生草本，连花茎高达50厘米，具须根。叶基生，具长柄，几乎与叶片等长或长于叶片，基部扩大；叶片卵形或椭圆形，长4～12厘米，宽2～7厘米，先端尖或钝，基部狭窄成长柄，全缘或呈不规则波状浅齿，通常有5～7条弧形脉。花茎数个，高12～50厘米，具棱角，有疏毛；穗状花序为花茎的2/5～1/2；花淡绿色，每花有宿存苞片1枚，三角形；花萼4片，基部稍合生，椭圆形或卵圆形，宿存；花冠小，胶质，花冠管卵形，先端4裂，裂片三角形，向外反卷。雄蕊4枚，着生在花冠筒近基部处，与花冠裂片互生；花药长圆形，2室，先端有三角形突出物；花丝线形。雌蕊1个，子房上位，卵圆形，2室（假4室），花柱1个，线形，有毛。蒴果卵状圆锥形，成熟后约在下方2/5处周裂，下方2/5宿存。种子4～8粒或9粒，近椭圆形，黑褐色。花期6—9月，果期7—10月。

3. 生长习性

中生草本。生于海拔3 000～3 200米草地、沟边、河岸湿地、田边、路旁或村边空旷处。适应性强，耐寒，耐旱，对土壤要求不严，在温暖、潮湿、向阳、沙质沃土上生长良好，在20～24℃茎叶能正常生长，气温超过32℃则会生长缓慢，逐渐枯萎直至整株死亡。土壤以微酸性的沙质冲积壤土较好。

4. 利用方式

（1）食用

凉拌：将适量鲜嫩车前放入锅中焯熟，变黄前捞出滤干，装大碗中，放入盐、味精、少许黄酒，再淋些麻油搅拌均匀装盘即可。

炒：将鲜嫩叶子洗净，用热水稍烫片刻捞出，再准备好泡发的黑木耳和少许瘦肉，然后锅中放油，放葱花，倒入车前叶子、木耳和肉煸炒，再加入盐、味精、黄酒，炒熟拌匀出锅。

（2）药用

车前草味甘，性寒，具有祛痰、镇咳、平喘等作用。车前草是利水渗湿中药，主治小便不利、淋浊带下、水肿胀满、暑湿泻痢、目赤障翳、痰热咳喘。车前草不仅有显著的利尿作用，而且具有明显的祛痰、抗菌、降压效果，能作用于呼吸中枢，有很强的止咳力。

5. 栽培技术

（1）育苗播种

播种适期为7月下旬。播种量为40～50克/亩，播种后少量覆土，再用湿稻草或薄膜覆盖保湿，有利出苗。出苗60%后，揭除稻草或薄膜，然后用遮阳网覆盖，降温保湿育苗。

（2）移栽

在8月下旬至9月上旬移栽。移栽前每亩用双丁乐灵150克兑水50千克喷湿表土层，防除杂草。抢在白露前阴天下午移栽。每畦栽4行，株行距30厘米×20厘米，每穴栽带土壮苗1株，每亩栽8 500～9 000株。栽后浇施含0.2%尿素的定根水。栽后第2天，若遇晴天干旱，应在傍晚灌水，使畦内湿透。

（3）施肥

第1次追肥在霜后7天进行，每亩用尿素5千克兑水1 000千克浇施；过10天追施第2次肥（用量同前）。栽后25天左右，用硼砂100～150克、甲胺磷150克兑水50千克进行叶面喷施，促使穗花分化，防止蚜虫危害。

进入抽穗期要控制施用氮肥，防止营养生长过旺。如遇干旱，可适当灌水。每亩可施草木灰50～100千克，加速养分运转，增强后期抗寒能力。10月中旬，日平均气温20℃左右，有利于开花授粉。10月下旬至11月上旬，日照充足，昼夜温差大，日平均气温15℃左右，有利灌浆成熟，盛花后每亩用磷酸二氢钾150～200克加10%吡虫啉20克兑水50千克叶面喷施，促使壮籽，防止蚜虫危害。11月中下旬至12月上旬，穗子2/3变黄时，可分期分批在早上露水未干时收获成熟穗子，晒穗脱粒，吹尽果壳，晒干种子。

6. 采收

鲜草采收：4—5月采收幼嫩苗。

种子采收：车前是分期成熟，一般在端午节前后，种子呈黄黑色时，边成熟边采收。选晴天采收。

（七）沙芥

1. 概述

沙芥（*Pugionium cornutum* L.）为十字花科沙芥属植物，别名沙萝卜、沙白菜、沙芥菜、山萝沙卜、沙盖。在内蒙古产于科尔沁沙地、锡林郭勒浑善达克沙地、鄂尔多斯沙地。可作蔬菜、饲料、固沙植物。全草及根入药，能行气、止痛、消食、解毒等。

2. 植物特性

二年生草本，生于典型草原带的半固定或流动沙地上。高70～150厘米。根圆柱形，肉质。主茎直立，分枝极多。基生叶呈莲座状，肉质，叶片条状矩圆形，长 15～30 厘米，宽 3.0～4.5 厘米，羽状全裂。总状花序顶生或腋生，组成圆锥状花序；花瓣白色或淡玫瑰色，条形或倒披针状条形。短角果带翅宽 5～8 厘米，翅短剑状，长 2～5 厘米，宽 3～5 毫米，上举；果核扁椭圆形，宽10～15 毫米，表面有刺状突起。花期 6—7 月，果期 8—9 月。

3. 生长习性

沙生中生草本，系沙漠植物，生于草原地区的沙地或半固定与流动的沙丘上以及荒漠和半荒漠地区。

4. 利用方式

（1）食用

幼苗茎叶和成株嫩叶可炒食或凉拌，亦可干制、腌制、制汁、制成沙芥软包或沙芥罐头，是沙区人们喜食的一种蔬菜。当年未开花植株的根，洗净煮脱水后晾晒或腌渍以食用。

（2）药用

沙芥含有蛋白质、脂肪、碳水化合物、多种维生素和矿物质，具有行气、消食、止痛、解毒、清肺的功效。根具有止咳、清肺、治疗气管炎的功效。沙芥全草味辛、性温。茎叶及籽中含有较强刺激性气味的挥发油，异硫氰酸丙烯酯类物质具有促进消化酶分泌、加快肠蠕动的作用；黄酮类化合物具有止咳平喘祛痰、扩张冠状动脉和降低血胆固醇及一定的抗癌护肝作用。

（3）生态用

沙芥侧根密集，主根深长，分蘖能力强，生长迅速，可在落沙坡上生长，极耐沙埋，能有效防止沙丘前移，防止水土流失和沙漠化，保护生态环境，保持生态平衡，因而是开发风沙区、治理水土流失的一种很好的水土保持植物，是典型的沙生先锋植物。沙芥落叶和植株残体有改良土壤的作用，为自身的生长和一年生植物提供了良好的生长条件，使沙漠植物覆盖度增大，削弱风沙危害，防止沙漠化；沙芥的肉质嫩叶养育了沙区一些野生动物，为虫、鸟等小动物提供了栖居的场所，在维持沙区自然生态平衡中起到了一定作用。

（4）饲用

沙芥的饲用价值较高，据调查，在沙芥干物质中含可消化粗蛋白 65.84 克/千克、消化能 9.2 兆焦/千克、代谢能 7.91 兆焦/千克，其能量水平高于小麦秸秆，接近于谷草，属中等饲用植物，是沙漠地区发展畜牧业的重要饲草来源，为骆驼的良好饲料，牛、羊和猪均喜食。

5. 栽培技术

（1）精细整地

按照沙芥对土壤条件的要求，选择地势较高的沙土或沙壤土，深耕 30 厘米左右，整地要求精细平整，使播种深浅均匀，有利出苗整齐，浇水不积水淹苗。

（2）施足基肥

一般每亩施完全腐熟的人畜粪 500～1 000 千克，搭配过磷酸钙 20～30 千克，进行全地施肥。

（3）适时播种

沙芥春、夏都可播种，播种最佳时期为 4 月底 5 月初。采用条状开沟，沟深 8 厘米，株行距 20 厘米×25 厘米，亩栽 7 000 株。

或采用半沙土打垄，垄高 25 厘米左右，宽 50 厘米左右，覆膜种植 2 行，亩栽 5 000 株。每亩播干种 2.5 千克左右，一般采用温水浸种，或用 0.1％的高锰酸钾或 10％的磷酸钠处理，20 分钟后用清水洗净，温水浸泡 1～3 小时。

（4）灌水

播种前浇透水一次，当沙芥长至 2～4 片叶时如田块干旱，可在白天顺垄沟浅灌水一次。当沙芥长至 7～9 片叶时要灌大水，灌水要快灌快停，水量不能到达垄面上。

（5）田间管理

及早间苗：早见苗、稀留苗是沙芥高产的关键，因为沙芥单株叶片数量较稳定，一般经常保持绿色的功能叶片 7～8 片。实践中往往由于间苗过迟，留苗过多，造成叶柄伸长，叶片细小，叶面积小，物质生产能力较低，因此，齐苗后应及时间苗，在幼苗 3～5 片叶时开始间苗，间苗时应拔出叶片色泽特别深的苗、叶片及叶柄密且硬的苗、叶数过多的苗、叶片过厚而短的苗。

病虫害防治：沙芥一般无严重病害，只有个别田块因降雨量过多或灌水较多，田间湿度较大发生白粉病或霜霉病，可采取劈除病叶深埋的方法减少侵染和蔓延。若发现蚜虫、菜青虫、斑潜蝇等虫害，一定要选用生物农药防治，避免因使用高毒农药而使品质下降。

6. 采收

鲜草采收：采收时只限撇下外围基部丛叶，尽量避免损伤生长点和主茬，沙芥长到 5～8 片叶时，即可进行首茬采收，此后可陆续收获 3～5 茬，10 天左右可采收一次，每亩年产鲜沙芥 1 500～2 000 千克，喷药后一周内不能采收，注意清除病害叶、枯黄叶片。

种子采收：沙芥种子在花后 45～60 天达到成熟期即可采收。

药材采收：夏、秋季采收根，切段，阴干或放入开水内微烫后晒干。

七、治病救人的植物

(一) 甘草

1. 概述

内蒙古甘草属植物有 5 种，其中可入药的有甘草 (*Glycyrrhiza uralensis* Fisch.) 和胀果甘草 (*Glycyrrhiza inflata*)。本书描述的是甘草，别名为甜草，其根可入药，能清热解毒、润肺，是内蒙古特产。甘草除了药用外，在国防、化工、石油钻探、食品加工、烟草加工、饮料生产等诸多行业都是重要原料。如在美国，甘草主要用于烟草等行业，美国保护甘草资源如同石油、煤炭等矿物资源一样，不允许使用本国资源，只能从他国购买。在草原，甘草是很好的固沙植物，它可以节约地下水资源，改善区域生态环境，防止土地沙化，减少水土流失，在治沙固沙方面具有无可替代的作用和地位。甘草用途广泛，应大面积推广种植，不仅能增加农牧民的经济收入，还可以进一步改善生态环境。

2. 植物特征

株高 30~70 厘米。具粗壮的根状茎，常由根状茎向四周生出地下匍枝。主根圆柱形，粗而长，可长达 1~2 米或更长，根表皮红褐色至暗褐色，有不规则的纵沟及沟纹，横断面呈淡黄色或黄色，有甜味。茎直立，轻微木质化。单数羽状复叶，具小叶 7~17 片；托叶较小，早落；小叶卵形、倒卵形、近圆形或椭圆形，全缘。总状花序腋生，花密集；花萼筒状；花冠淡蓝紫色或紫红色。荚果条状矩圆形、镰刀形或弯曲呈环状，含种子 2~8 粒；种子扁圆形或肾形，暗绿色，光滑。

3. 生长习性

中旱生植物。具有耐干旱、耐风沙、耐瘠薄、耐盐碱等抗逆性很强的生物学特性。生于碱化沙地、沙质草原、沙土质的田边、路旁、低地边缘及河岸轻度碱化的草甸，生态幅度较广，在荒漠草原、草原、森林草原以及落叶阔叶林带均有生长，并形成多种生态型，"沙地生态型"是甘草重要类型之一。甘草对沙地适应性尤为突出，在沙地中可成为优势种，形成大片分布的甘草群落，驰名中外的"王爷地甘草"产于乌兰布和沙漠。

4. 利用方式

（1）药用

甘草根入药，味甘，性平，具有健脾益气、清热解毒、镇咳祛痰、缓急止痛的功效，主治脾胃虚弱、神疲倦怠、食少便溏、中气下陷、咽喉疼痛、疮疡肿毒，咳嗽咳痰、胸闷不舒，津血不足、筋脉失养的痉挛性疼痛。根及根状茎也可入蒙药，蒙药名为希和日-额布斯，能止咳润肺、滋补、止吐、止渴、解毒，主治肺痨、肺热咳嗽、吐血、口渴、各种中毒、"白脉"病、咽喉肿痛、血液病。甘草的药用价值包括其提取物如甘草酸等再深加工形成的一系列高价值的生物制品，近年来，通过对甘草提取物的研究发现，其制品有抗变态、抗溃疡、消炎、防治病毒肝炎、抗癌等功效，且毒副作用小。近期研究发现，甘草是既能预防又能治疗艾滋病的良药。被《中华人民共和国药典》收录的有 3 种甘草，分别是甘草、胀果甘草、洋甘草（*Glycyrrhiza glabra* L.）。

（2）饲用

甘草是具有中等饲用价值的饲草，甘草在春季刚返青时草质稍粗糙，且含有单宁，所以牛和马不食，但骆驼乐食清鲜嫩枝。花果期绵羊和山羊都喜采食，渐干后各种家畜均采食，羊尤喜食其荚果。甘草现蕾期含粗蛋白 24.72%、粗脂肪 6.98%、粗纤维 25.89%、无氮浸出物 31.63%、钙 1.18%、磷 0.41%。鄂尔多斯市牧民常刈割制成干草于冬季喂幼畜，蒙古国有些地区有秋季打甘草备过冬度春饲草的传统。

（3）生态用

甘草的生态价值主要体现在其良好的防沙固沙特性。其地下根茎发达，水平根茎分蘖能力强，形成交织的水平根茎网，蔓延成片。甘草适应性强、生态幅宽，在降水很少的半干旱草原以至半荒漠草原上可形成块状群落，其根系可深入数米，与芦苇、红柳（多枝怪柳）、梭梭、白刺、骆驼刺、胡杨、罗布麻等沙生植物共同构成一道天然防风固沙屏障。甘草不仅是防风固沙和改良盐碱土的优质植物，还是钙质土的指示植物。

（4）其他用途

甘草不仅是重要的药材、饲草，在食品、轻工业方面的用途也很广泛。甘草酸比蔗糖甜 10 倍，常在糖果、蜜饯中使用。甘草提取物可作烟草及食品添加剂或调味剂，如原料采用果胚，配以糖、甘草和其他食品添加剂，经浸渍处理后进行干燥，成品有甜、酸、咸等风味，产品有话梅、九制陈皮、甘草金橘等。甘草还可做润肤化妆品。甘草根茎浸渍液可以用作石油钻井液的稳定剂及灭火器的泡沫稳定剂。甘草还用于制造酱油、啤酒、露酒、墨汁、鞋油等。

5. 栽培技术

甘草栽培可用种子直播和育苗移栽两种方式。

（1）选地与整地

甘草耐盐碱，怕积水，适宜在沙质土壤中种植。将选好的地块深耕 20 厘米左右，耕翻后整平耙细。翻耕时每亩施入有机肥 2.5～3.0 吨作为基肥。

（2）播种

用碾米机破除甘草种子硬实。干旱缺水地区尤其不建议将种子催芽后播种，容易"闪苗"。直播播种量 3～4 千克/亩，育苗地播种量 5～8 千克/亩。采用条播，直播行距 30～40 厘米，育苗行距 10 厘米，播深 2～3 厘米，覆土 1.0～1.5 厘米，播后适当镇压。

（3）移栽定植

在春季未返青之前将甘草苗挖出，选地块开沟，将甘草苗倾斜 45°放入沟中，覆土镇压。

（4）田间管理

为促进甘草根往下扎，应对甘草田进行中耕，疏松土壤表层，中耕时要及时去除杂草。甘草抗旱性强，有灌溉条件的，苗期注意浇水，第 2 年自然降水即可满足需求。

6. 采收

药用甘草在移栽定植 4～5 年后药用有效成分含量才达标，春季或秋季均可采收。秋末冬初采挖的甘草质坚、体重、粉性大、甜味浓，春季采挖的甘草质松、粉性小、甜味淡。挖出后去掉残茎、须根、泥土，忌用水洗，趁鲜切去细尾和根头后晾晒，当晾晒至六七成干时，挑出有虫蛀和发霉变质的甘草，然后按不同规格分捆并捆紧，置于干燥通风处，直至完全干燥。

作为牧草可在开花初期刈割，不仅保证饲草质量，还能促进根的生长。

（二）北柴胡

1. 概述

北柴胡（*Bupleurum chinense*）为伞形科柴胡属多年生草本植物，其根状茎可入药，能解表和里、升阳、疏肝解郁，也可入蒙药。分布于河北、山西、陕西、河南、青海、甘肃和内蒙古等省区。柴胡为传统常用大宗药材，用途广泛，出口量较大。但野生资源日渐稀少，有必要大力发展人工种植，且目前市场价格稳定于较高价位，是适合人工生产的时期。

2. 植物特征

株高 15～17 厘米。主根黑褐色，圆锥形，具支根。根状茎圆柱形，黑褐色，具横皱纹，顶端生出数茎。茎直立，具纵细棱，灰蓝绿色，呈"之"字形弯曲，上部多分枝。基生叶早枯，茎生叶条形、倒披针形或椭圆状条形，具小凸尖头。复伞形花序顶生和腋生，花瓣黄色。果椭圆形，淡棕褐色。花果期 7—10 月。

3. 生长习性

中生草本。生于海拔 1 500 米以下的森林带和草原带的山坡草地、沟谷、山顶阴处。喜稍冷凉湿润环境，适应性较强，耐寒、耐旱，怕水涝。宜种植在肥沃、疏松的沙壤土，盐碱地及排水不良的黏土地不宜种植。种植第 1 年基本不开花，第 2 年全部开花结实，花期和果期较长。种子发芽温度为 15～25 ℃，苗期和发芽期喜中度荫蔽，成年植株需要充足阳光。

4. 利用方式

柴胡根内含柴胡皂苷甲、乙、丙、丁，白芷素，山柰苷，微量挥发油和脂肪等物质，味苦、性微寒。主治感冒、寒热往来、胸满、肋痛、疟疾、肝炎、胆道感染、胆囊炎、月经不调、子宫下垂、脱肛等。根状茎入蒙药，蒙药名为希拉子拉，能清肺、止咳，主治肺热咳嗽、慢性气管炎。

5. 栽培技术

（1）选地整地

选择疏松肥沃、排水良好的夹沙地或沙壤土，整地时最好施入腐熟的农家肥作为基肥，深翻细耙整平，坡地开排水沟。

（2）繁殖方式

用种子繁殖。北柴胡种子具有寿命短、种胚后熟的特点，为了提高发芽率，在播种前需对种子进行处理，打破种子的休眠。种子用 40 ℃的温水浸泡 1 天，去除漂浮在水面上的瘪粒后，将种子与湿沙按 1：4 的比例混匀，置于 20～25 ℃的条件下催芽，待有种子裂口时，即可播种。

种子直播：于 4 月中下旬至 5 月上旬在整好的地块上条播，行距 30 厘米，开沟深度 2～3 厘米，播种量 1.0～1.5 千克/亩，均匀撒入种子，覆土 1 厘米左右，压实，播后保持土壤湿润。

育苗移栽：在 3 月下旬采用阳畦育苗的方法，在苗床内按行距 10～15 厘米条播，待苗高 5～7 厘米时，即可挖取带土的秧苗，按株距 10～15 厘米、行距 15～18 厘米定植到大田，移栽后及时浇水。待定植苗长出新根、叶片展开时进行 1 次中耕松土，以利保墒。也可在翌年 4 月移栽。

（3）田间管理

当苗高 5～7 厘米时，间掉过密苗，补缺苗。当苗高 10 厘米左右时松土除草，注意除草时勿伤根系及茎秆。出苗后浇透水，浇水后应进行中耕松土，避免土壤板结。留种田应在现蕾期增施磷钾肥，以促进果实发育、籽粒饱满。

6. 采收

种子采收：选二、三年生植株生长健壮、无病虫害的地块留种，9—10 月种子稍带褐色时割回，晒干脱粒后用布袋等透气口袋包装，贮藏于干燥阴凉处，由于北柴胡种子轻而小，所以不宜用风选和水选。

根的采收：第 1 年收获产量低，质量好；一般播种后第 2 年秋季，待地上部分枯萎后收获。全株挖起，除去茎叶，抖落泥土，剪除侧根、根茎，趁湿理顺，按等级规格分开捆把。以身干、条粗、整齐、无残留茎叶及须根者为佳。

(三) 黄芩

1. 概述

黄芩（*Scutellaria baicalensis*）为唇形科黄芩属多年生草本或灌木，别名黄芩茶、黄金条根、山茶根。其茎可制成黄芩茶，其干燥根可入药，根含有黄芩苷、黄芩素等有效成分，味苦、性寒，具有清热燥湿、泻火解毒、止血、安胎的功效，用于湿温、暑温胸闷呕恶、湿热痞满、泻痢、黄疸、肺热咳嗽、高热除烦、血热、痈肿疮毒、胎动不安等。临床上治疗小儿肺炎、菌痢及消炎退热等效果很好。内蒙古是黄芩的道地省份。内蒙古兴安北部及岭东和岭西、呼伦贝尔、兴安南部及科尔沁、赤峰丘陵、燕山北部、阴山、阴南丘陵、鄂尔多斯、贺兰山均有分布。

2. 植物特征

株高 25～35 厘米，主根粗壮，圆锥形，断面鲜黄色。茎四棱形，自基部分枝，多而细，基部稍木化。叶交互对生，近无柄，披针形，长 1.5～3.5 厘米，宽 0.3～0.7 厘米，上面深绿色，下面淡绿色，被下陷的腺点。圆锥花序顶生，具叶状苞片。花萼二唇形，紫绿色，上唇背部有盾状附属物，果时增大，膜质。花冠二唇形，蓝紫色或紫红色，上唇盔状，下唇宽，中央常有浅紫色斑，花冠管细，基部骤曲，直立。雄蕊 4 枚，稍露出，药室裂口有白色髯毛；子房 4 深裂，生于环状花盘上；花柱基生，先端二浅裂。小坚果 4

个，球形，黑褐色，有瘤，包围于增大的宿萼中。花期 6—9 月，果期 8—10 月。

3. 生长习性

广幅中旱生草本。多生于森林带和草原带的山地和丘陵的石砾质坡地及沙质地上，为草甸草原及山地草原的常见种，在线叶菊草原中可成为优势种。耐寒，耐旱，耐高温。苗期喜水肥，生长期间耐旱，怕涝。在黏土地、阴坡地及低洼地种植生长不良。

种子小，出苗较困难。隔年种子不发芽，发芽适温为 20 ℃左右。7 月前播种当年开花。冬季地上部分死亡，以根及根茎芽越冬。

4. 利用方式

（1）药用

黄芩为我国常用大宗药材，根是其药用部位，成品有黄芩片、酒黄芩和炒黄芩，主要有效成分黄芩苷及黄芩素有抗菌、抗病毒、抗肿瘤、抗感染、抗 HIV（艾滋病病毒）、抗氧化及清除氧自由基和治疗心血管疾病等作用；除此之外，黄芩苷还具有促黑色素生成和酪氨酸酶激活等作用。许多著名中成药中使用黄芩，如我们熟知的黄芩片、芩连片等。在日本，黄芩的用量也较大。

（2）茶用

在内蒙古多地有饮用黄芩茶的习惯。阴山地区村民在每年的农历八月十五左右上山采摘黄芩茎叶，将其上锅蒸 3～5 分钟，再焖20～30 分钟，取出晾干后作为茶饮用。阴南丘陵地区的村民则将茎叶炒制后作为茶饮用。黄芩茶可辅助治疗急性上呼吸道感染出现的咳嗽咳痰，胆囊炎、胆结石引起的黄疸和一些消化系统疾病，如痢疾、胃炎等，还具有清除体内油脂的作用，特别是可以降低血中的胆固醇和甘油三酯含量，对于预防一些长时间高血脂所导致的疾病有重大意义。

（3）景观用

黄芩株型整齐，花色艳丽，可作为景观植物使用。

5. 栽培技术

（1）选地整地

选择排水良好、阳光充足、土层深厚、肥沃的沙质土壤为宜。如有条件，于种植之前每亩施用腐熟厩肥 2 吨左右，然后深耕细耙，平整作畦。

（2）繁殖方法

生产中主要用种子繁殖，也可以分根繁殖，但很少采用。

一般于 3—4 月播种，行距 30～45 厘米，每亩播种量为 0.50～0.75 千克。播种地要求土壤墒情良好，浅开沟，播完覆土 1～2 厘米，轻轻镇压。如土壤湿度适宜，大约 15 天即可出苗。黄芩种子小，覆土浅，极易因土壤缺水而导致大量缺苗断垄，为保证苗全苗齐，可以因地制宜采取下述各种方法。

坐水播种：播种时如果土壤水分不足，应先开沟浇足水，等水渗下后播种。

浸种催芽：播前用 40～50 ℃温水浸种 5～6 小时，然后捞出置于 20～25 ℃条件下保温保湿催芽，大部分种子露白时播种。

覆盖保墒：播种后在畦上覆盖秸秆作物、草帘子或遮阳网等。

雨季播种：没有灌溉条件的情况下，可以趁雨季播种。只要小苗能够正常越冬，那么黄芩种子在一年四季均可以播种。

育苗移栽：可以在阳畦或温室集中培育壮苗，苗高 5～7 厘米时按株行距 10 厘米×27 厘米定植。移栽后应及时浇水或结合降雨定植。作景观植物时，可用苗钵育苗，待根部与营养土成为一体时即可移栽，移栽后应及时浇水。

（3）田间管理

苗期保持土壤湿润，适当松土除草。苗全后注意中耕除草，一般不浇水。

二年生植株 3—4 月开始返青，6—7 月抽薹开花。种子田开花之前要多施磷钾肥，促使花朵旺盛，结籽饱满。于大部分种子成熟时，沿果穗下部将地上茎叶剪除，集中晾晒脱粒，收获种子。如果阳光强烈、温度高，避免在水泥地面晾晒，否则影响种子发芽。一年生植株一般不采种。如以收获药材为目的，建议初花期时剪除花序，待第 2 次花序出现时再剪一次以控制生殖生长，促进根部生长，增加药材产量。

（4）病虫害及其防治

黄芩生长期间的病虫害很少。

叶枯病：高温多雨季节容易发病，开始时叶尖或者叶缘发生不规则的黑褐色病斑，逐渐向内延伸，并使叶干枯，严重时扩散成片。防治方法：秋后清理田园，除净带病的枯枝落叶，消灭越冬菌源，发病初期喷洒 1∶120 波尔多液，或用 50％ 多菌灵可湿性粉剂 1 000 倍液喷雾防治，每隔 7～10 天喷 1 次，连续喷洒 2～3 次。

根腐病：栽植 2 年以上者发病，根部呈现黑褐色病斑以致腐烂，全株枯死。防治方法：雨季注意排水；中耕除草，加强田间通风透光；实行轮作。

6. 采收

药用黄芩一般采挖二年生植株。于秋后茎叶枯黄时齐地面剪除地上茎叶，选择晴朗天气将根挖出，注意切忌挖断。抖落泥土，修剪根茎，撞去外皮，然后迅速晒干或烘干。

茶用黄芩在花期采摘。

（四）蒙古黄芪

1. 概述

蒙古黄芪（*Astragalus mongholicus* Bunge）为豆科黄芪属多年生草本，别名绵芪。黄芪为本草之"首"，中药之"长"，其根可入药，能补气、固表、托疮生肌、利尿消肿，主治体虚自汗、久泻脱肛、子宫脱垂、体虚浮肿、疮疡溃不收口等症。黄芪是我国重要的中药之一，也是出口创汇的重要品种，用途广泛，市场需求量较大，价格较为稳定。蒙古黄芪广泛分布于内蒙古，分布中心在内蒙古高原中北部，但是，由于过度放牧、乱采滥挖等，野生蒙古黄芪资源几近枯竭。所以，对黄芪进行人工培植以弥补其野生数量的不足十分必要。

2. 植物特征

株高 50～70 厘米。主根粗而长，圆柱形，直径 1.5～3.0 厘米，轻微木质化，表皮淡棕黄色至深棕色。茎直立，上部多分枝，有细棱，被白色柔毛。单数羽状复叶，互生，小叶 25～37 片，排列紧密，通常椭圆形，上面绿色近无毛，下面灰绿色有平伏白色柔毛。总状花序于枝顶部腋生，具花 10～25 朵，花梗与苞片近等长，有黑色毛；花萼钟状；蝶形花冠淡黄色或黄色，长 12～18 厘米。荚果半椭圆形，侧弯，膜质，稍膨胀，含种子 3～8 粒；种子肾形，棕褐色。花期 6—8 月，果期 7—9 月。

3. 生长习性

旱生及中旱生草本。生于低山丘陵草原、山麓冲积平原、石质坡地及浅沟和干河床、固定沙丘等地。蒙古黄芪耐干旱，耐寒冷，耐贫瘠，耐风沙，适应性强；喜干燥向阳，积水易引起烂根，但苗期需水较多；耐寒，在呼和浩特地区能在地里安全越冬；根深，三年生至五年生植株根能深入土层 1 米多。宜种植在土层深厚、排水良好的荒地或坡地上，在黏土里种植则侧根多，生长缓慢。第 1 年只生长茎叶，第 2 年 6 月开花结果。

4. 利用方式

（1）药用

蒙古黄芪以根入药，味甘、性微温，具有补中益气、固表止汗、利水消肿、托毒生肌的功效。主治脾肺气虚、中气下陷诸证，卫表气虚所致的自汗，气虚水湿不运所致的肢体面目浮肿、小便不利，气血不足之痈疽难溃或溃久不敛等。黄芪主要活性成分为多糖、皂苷类和黄酮类，随着现代药理学的发展，较多的研究报道黄芪具有增强机体免疫力、清除自由基、抗氧化、抗辐射、抗肿瘤、抗心肌缺血、降血压等药理作用。根入蒙药，蒙药名为好恩其日，能止血、治伤，主治金伤（犹金疮）、内伤、跌打损伤。还可做兽药，治风湿。据报道，黄芪根状茎的 10 倍水浸液对马铃薯晚疫病病菌约有 50% 的抑制作用。

（2）饲用

蒙古黄芪是草原特色珍贵药材，又是优良豆科牧草。根据内蒙古农牧业科学院中心化验室分析：花期含干物质 94.99%、粗蛋白 25.81%、粗脂肪 2.6%、灰分 4.44%、半纤维素 32.15%、纤维素 22.36%、钙 0.9%、磷 0.17%。其营养很丰富，刚返青时草质稍粗糙，牲畜采食少，花期牛、马、羊都喜食，是适合调制干草的优质牧草。

（3）生态用

蒙古黄芪为适宜沙地种植的草种，在科尔沁沙地、浑善达克沙地及毛乌素沙地等地区的半农半牧区和牧区饲料地中可以种植利用，是理想的药草兼用、生态恢复草种，能提高农牧民的经济收入。

5. 栽培技术

蒙古黄芪的种植可分为直播和育苗两种方式。

（1）选地与整地

蒙古黄芪根为直根系，主根垂直向下生长。根据其生长特性，应选择土层深厚、质地疏松、肥沃、排水渗水力强的沙壤土。用机械深翻地，整地深度一般在 45 厘米左右，翻地时施入腐熟的农家肥作为基肥，然后将地耙细耱平整。

育苗则采用高畦育苗为宜。地块选择以排水良好、向阳、土层深厚的沙质壤土（沙盖土）为佳。播种前灌透水。畦高为 30～40 厘米，畦宽为 120 厘米，畦长要根据地形而定。整地前施入有机肥。

（2）种子处理

野生蒙古黄芪种子硬实率高，正常条件下萌发率只有 20% 左右。因此，播种前要进行破皮处理，用碾米机轻度搓皮。育苗则将破皮处理的种子用温水（50℃）浸泡 24 小时，然后捞出摊在湿布上盖好草帘催芽，露白后即可播种。

（3）繁殖方式

分春播、夏播和秋播。春播在 4—5 月，在保持土壤湿润的情况下，15 天出苗。夏播在 6—7 月，播种后 7～8 天出苗，幼苗能在田间安全越冬。秋播在 9—10 月，翌年春季出苗。内蒙古地区因春季风大干燥，宜采用夏播或秋播。播种量 1.0～1.5 千克/亩，行距 40 厘米，沟深 2 厘米左右，均匀撒入种子，覆土后用脚顺沟踩实。穴播株距 40 厘米，每穴撒种子 10 粒左右，覆土后踩实。

育苗移栽播种量增加，行距减小。播种 1 年后，用拖拉机开沟，将蒙古黄芪苗倾斜（45°）放入沟中，再覆土镇压。每亩移栽6 000～8 000 株苗，移栽 2 年后采收。移栽时避免弄伤主根形成"鸡爪芪"。

（4）田间管理

蒙古黄芪环境适应能力强，但幼苗生长缓慢，对杂草竞争力弱，所以苗期应注意杂草防除。蒙古黄芪虽然耐旱，但为保证成活与丰收，在幼苗期和移栽缓苗期一定要及时浇水，成活后用水量较少，一年灌 2～3 次水，可使用节水灌溉设施。基肥以腐熟的牛羊粪为好。草原地区虽然病虫少，但也要注意防治，根据病情及时采取防治措施。

6. 采收

蒙古黄芪种植 3～4 年后，即可对其进行收获。春、秋季均可采收，但秋季收获质量更好，因此一般在秋季收获。小面积收获可采用人工挖沟的方式，大面积收获则用机械，收获时应避免将根挖断或者划伤根皮影响黄芪的品质。收获后立即去除黄芪的芦头、茎部及须根，将根部带有的泥土抖尽晒干后捆成把装箱即可。

（五）防风

1. 概述

防风（*Saposhnikovia divaricata*）为伞形科防风属多年生草本，别名关防风、北防风、旁风。其干燥根可入药，味辛、甘，性温，具有祛风解表、胜湿止痛、止痉的功效。主治外感风寒所致头痛、身痛、恶寒、风寒湿痹、骨节疼痛、四肢挛急、破伤风、痉挛抽搐等。分布于黑龙江、吉林、辽宁、河北、山东、内蒙古、甘肃、宁夏、山西、陕西等省区。防风为我国历代常用中药。

2. 植物特征

株高 30～70 厘米。主根圆柱形，粗壮，外皮淡黄棕色。根状茎短圆柱形，外面密被棕褐色纤维状老叶残基。茎直立，二歧式多分枝，表面具细纵棱，稍呈"之"字形弯曲，圆柱形，节间实心。基生叶多丛生，具扁长叶柄与宽叶鞘，叶片二至三回羽状深裂，茎生叶与基生叶相似，但较小且简化。复伞形花序多数，花瓣白色；子房被小瘤状突起。果椭圆形，背腹稍压扁。花期 7—8 月，果期 9 月。

3. 生长习性

旱生草本。生于森林带和草原带的高平原、丘陵坡地、固定沙丘，常为草原植被的伴生种。产于内蒙古多数地区。

青鲜时骆驼乐食，其他牲畜不喜食。具有耐寒、耐干旱、怕水涝的特点。适宜在夏季凉爽、地势高燥的地方种植。对土壤要求不严格，宜在排水良好的沙质壤土或含石灰质的壤土中栽培。黏性土壤和盐碱地不宜栽培。

4. 利用方式

（1）药用

防风载于《神农本草经》。李时珍释名："防者，御也。其功疗风最要，故名。"《本草纲目》将其称之为珊瑚菜。防风以根入药，含有色原酮类、香豆素类、挥发油、有机酸等有效成分。防风具有解热、抗菌、抗病毒、镇痛、抗炎、镇静、抗惊厥、抗凝血、抗血栓、抗肿瘤、免疫调节、抗氧化等作用。临床中常用于治疗外感表证、风疹瘙痒、风湿痹痛、破伤风等疾病，是玉屏风散、防风通圣丸、防风连翘片等中药的主要成分。现代医学应用其治疗流行性感冒、上呼吸道感染、过敏性鼻炎、春季卡他性结膜炎、痛风性关节炎、面神经炎、高脂血症、肥胖症、荨麻疹等。

（2）生态用

防风是天然的草原固沙植物，有良好的绿化作用。

5. 栽培技术

（1）选地整地

选择排灌方便、土层深厚、环境干燥的向阳地块，土质选择沙壤土。在黏土地种植根短、分叉多，质量差。深耕前每亩施入农家肥 3 000～4 000 千克，耙平耱细。

（2）繁殖方式

防风以播种繁殖为主，可直播或育苗移栽。实践中发现，头年播种次年移栽的方法种子利用充分，且药材品质更高。也可结合收获进行分根繁殖。

播种繁殖：春、秋两季均可播种，春季播种一般在 4 月中旬到 5 月初进行，秋季播种则在土壤封冻之前进行，来年春季出苗。若想当年出苗，春季播前需浸种催芽。播前将种子用清水浸泡 1 天后捞出，保持湿度，待种子开始萌动时播种。行距 30 厘米，沟深 2 厘米，将种子均匀撒入沟内，覆土镇压，浇水，保持土壤湿润。播种量 2～3 千克/亩。

分根繁殖：结合收获取直径 0.5～0.7 厘米的健壮根条，截成 3～5 厘米长的小段，按照株行距 15 厘米×50 厘米栽植。穴深 6～8 厘米，每穴 1 个根段，注意根的方向为根上端向上，覆土 3～5 厘米。每亩用根量约 50 千克。

（3）田间管理

采用催芽方式播种的防风在苗齐之前注意保持土壤湿润。待苗高 5～10 厘米时，进行间苗、定苗、补苗，株距 7 厘米。苗期做好中耕除草工作，保持田间清洁。防风抗旱能力强，出苗整齐后基本不需要浇灌，需防雨季积水烂根。2 年以上植株除留种外，抽薹应及时摘除，以免根部养分流失及木质化。

（4）病虫害防治

防风夏、秋季易发生白粉病危害叶片，应注意通风透光或喷施 800～1 000 倍的硫菌灵。

6. 采收

根采收：防风种植后于第 2 年开花前或秋季地上部分枯落后即

可收获；春季分根繁殖防风在水肥充足、生长茂盛的条件下当年即可收获。一般根长达 30 厘米、粗 1.7 厘米以上时采挖，如地瘦或田间管理差，就需要 3～4 年才能收获。应根据实际生长情况而定，采收早产量低，采收过迟根部容易木质化，影响品质。根挖出后去掉残茎、细梢、须根、泥土，晒至九成干，按根的粗细长短分级，捆成 1 千克的小捆，再晒到全干即可入药。

种子采收：采收 2 年以上的植株的成熟种子。于秋季茎叶枯黄，种子由青变灰褐色时割下茎枝，搓下种子，晾干后置阴凉处备用。也可在收获种子时选择粗壮的种根，边收边栽，原地假植育苗，待翌年春季移栽定植。

（六）桔梗

1. 概述

桔梗（*Platycodon grandiflorus*）为桔梗科桔梗属多年生草本，别名铃铛花，其根可入药。根富含五环三萜类糖苷有效成分，味苦、辛，性平，具有宣肺、祛痰、利咽、排脓的功效。主治咳嗽痰多、咽喉肿痛、肺痈吐脓、胸闷胁痛、小便癃闭、痢疾腹痛等。也可入蒙药，蒙药名为呼入登查干，效用相同。桔梗属药食兼用型，除入药外，其嫩苗和根均可食用，朝鲜族素有食用习俗。桔梗花给人以清新淡雅的感觉，花语永恒的爱也是无望的爱。据说日本战国时期（1467—1615 年）一位将军以桔梗花作为家徽。可见其赏心悦目、超凡脱俗的魅力。我国南北各省均有栽培。内蒙古兴安北部及岭西和岭东、兴安南部、辽河平原、燕山北部有自然分布。

2. 植物特征

株高 40～50 厘米，有白色乳汁。根肥大肉质，长倒圆锥形，表皮黄褐色。茎直立，单一或分枝。叶 3 枚轮生，有时对生或互生，卵形或卵状披针形，基部宽楔形至圆钝，先端急尖，边缘具细锯齿，上面绿色无毛，下面灰蓝绿色，有时脉上有短毛或瘤突状毛，无柄或有极短的柄。花 1 至数朵生于茎及分枝顶端；花萼筒钟状，无毛，裂片 5 片；花冠蓝紫色，鲜有白色，宽钟状，5 浅裂，裂片宽三角形，先端尖，开展。雄蕊 5 枚，与花冠裂片互生，花柱较雄蕊长，柱头 5 裂。蒴果倒卵形，成熟时顶端 5 瓣裂；种子卵形，扁平，有 3 条棱，长约 2 毫米，宽约 1 毫米，黑褐色，有光泽。花期 7—9 月，果期 8—10 月，果实由上至下陆续成熟，一般在 9—10 月果色由绿转黄时即可采摘，过迟蒴果易开裂，种子散失。

3. 生长习性

中生草本，生于森林带和草原带的山地林缘草甸、沟谷草甸。喜凉爽湿润环境，喜阳光，怕风害，耐寒，幼苗能忍受 −21 ℃ 低温。宜种植在排水良好、土层深厚、含腐殖质丰富的沙质壤土中。

4. 利用方式

（1）药用

桔梗之名始见于《说文解字》："桔，桔梗，药名。"入药始载于《神农本草经》，列为下品。桔梗为常用大宗药材，在我国大部分省区均有分布。商品药材东北和华北地区产量大，称"北桔梗"；华东地区的称"南桔梗"。桔梗以根入药，主要具有祛痰、镇咳、镇静、镇痛、解热、抗炎、增强免疫、抗溃疡、扩血管、降血压、溶血、降血糖、降血脂、保肝、抑菌、抗氧化等作用。临床常用于治疗咳嗽痰多、胸闷不畅、肺痈胸痛、咽痛音哑、急慢性咽炎、放射性食管炎、肺癌、肺梗死、小儿病毒性与消化不良性肠炎、黄褐斑等症。

（2）食用

桔梗属药食兼用品种，其嫩苗、根均为可食用的蔬菜，其蛋白质、淀粉、维生素含量较高，含氨基酸 16 种以上，包括 8 种人体必需氨基酸。桔梗的嫩苗、根可以加工成罐头、果脯、袋装什锦菜、保健饮料等。每年都有大量的桔梗根出口韩国、日本以及东南亚等国家和地区，这些国家和地区的人民将桔梗加工成细条制成凉拌菜，特别是韩国、朝鲜及中国朝鲜族素有食用鲜桔梗的习俗，如吉林延边地区朝鲜族人民把桔梗的嫩叶作为蔬菜食用，其是一种很受欢迎的功能性保健食品。此外，桔梗还可酿酒、制粉、做糕点，种子可榨油。

(3) 景观用

桔梗花蓝色、紫色或白色，颜色清新爽目，给人以幽雅、宁静、淡泊之感；桔梗花形如悬钟，在百花丛中别具一格，常于7—9月开放，观赏性强，十分受人喜爱，《中国花经》把它列入珍稀花卉类。桔梗花也被誉为"花中处士，不慕繁华"，与红色花相配更有出类拔萃之感，除园林绿化中应用外，也做切花，可应用于花篮、花束，可增添插花的观赏效果。

5. 栽培技术

(1) 选地整地

选阳光充足、土层深厚的坡地或排水良好的平地，土质以沙质壤土、壤土或腐殖土为宜。深耕35厘米，耕前每亩均匀撒入腐熟的厩肥2 500千克，整平耙细，准备播种。前茬作物以豆科、禾本科作物为宜。

(2) 繁殖方法

桔梗以种子播种为主，直播或育苗移栽。直播不管在产量还是在品质方面都优于育苗移栽，生产中多采用此法。作为绿化植物用可采用苗钵育苗的方式。种子用二年生以上桔梗采收的种子，一年生桔梗结的种子瘦小而瘪，颜色较浅，出苗率低，且幼苗细弱。

一般于清明至谷雨期间播种，播种量0.5千克/亩，行距20厘米，沟深1厘米，将种子均匀播于沟中，覆土0.5厘米左右，播完后轻轻镇压，镇压后浇水，在地面保持湿润情况下，15～20天即可出苗。

(3) 田间管理

苗高3～5厘米时进行间苗，10厘米左右时进行定苗，每8～10厘米留壮苗1株。间苗和补苗可同时进行，带土补苗易于成活。桔梗前期生长缓慢，应及时除草，在播种当年结合间苗进行，第2年除草2～3次，除草时注意不要损伤根部。桔梗花期长，为避免开花对养分的消耗，一年生桔梗及时摘除花蕾，终止桔梗生殖生长，促进根的生长；二年生桔梗除留种外，孕蕾期应及时摘除花蕾，以提高根的产量和品质。

（4）病虫害及其防治

桔梗易发病害为根腐病，一般 6—8 月发病。初期根出现褐色斑点，之后逐渐扩大，发病严重时地上部分全部枯萎而死亡。可在发病初期用石灰、草木灰撒于地面，或用波尔多液浇株以防蔓延。

6. 采收

于秋季地上部分枯萎时采挖。要深挖，避免挖断主根或碰破外皮而影响品质。将挖出的根去掉泥土，切去芦头，浸水中刮去栓皮，洗净，晒干或烘干即可。皮一定要趁鲜时刮净。

（七）苦参

1. 概述

苦参（*Sophora flavescens*）为豆科槐属多年生草本，别名野槐、山槐。其根可入药，根内主要含有生物碱和黄酮类成分，味苦，性寒，具有清热燥湿、杀虫、利尿的功效。用于治疗热痢、便血、黄疸尿闭、赤白带下、阴肿阴痒、湿疮、湿疹、皮肤瘙痒、疥癣麻风等症，外用可治疗滴虫性阴道炎。根入蒙药，蒙药名为道古勒-额布斯，能化热、调元、燥"黄化"、表疹，主治痘病、感冒发烧、风热、痛风、游痛症、麻疹、风湿性关节炎等症。苦参中的多种生物碱有明显的抗菌、消炎、杀虫作用，近年来除药用外，还广泛用于生物农药和兽药的开发。茎皮纤维可织麻袋。在内蒙古地区，苦参生于草原带沙地，是很好的固沙植物。由于长期滥垦乱挖导致野生资源濒临灭绝。

2. 植物特征

株高 1～3 米。根圆柱状，外皮浅棕黄色。茎直立，多分枝，具纹棱。单数羽状复叶，具小叶 11～19 片；托叶条形；小叶全缘或具微波状缘，上面暗绿色、无毛，下面苍绿色、疏生柔毛。总状花序顶生；花梗细，有毛；苞片条形；花萼钟状，稍偏斜；花冠淡黄色。荚果条形，种子间稍缢缩，呈不明显的串珠状；种子近球形，棕褐色。

3. 生长习性

中旱生植物。生于森林带和草原带的沙地、田埂、山坡。在内蒙古产于科尔沁沙地（科尔沁左翼后旗、库伦旗、奈曼旗、科尔沁左翼中旗、阿鲁科尔沁旗、翁牛特旗、巴林右旗）、浑善达克沙地（多伦县、正蓝旗）、毛乌素沙地（乌审旗）、呼伦贝尔沙地（鄂温克族自治旗、海拉尔区、新巴尔虎右旗）。

苦参具有耐风沙、耐干旱、耐贫瘠、耐寒冷等抗逆性很强的生物学特性，是可以栽培利用的防沙治沙植物。苦参为有毒植物，牲畜不食。

种子硬实，不经处理发芽率不高，生产上常采用机械处理种子。当年播种的幼苗多不开花，第2年春季返青，7月开花，8—9月种子成熟。

4. 利用方式

（1）药用

苦参最早记载于《神农本草经》，具有清热燥湿、杀虫、利尿功效。《中华人民共和国药典》规定正品苦参为豆科植物苦参（*Sophora flavescens*）的干燥根。苦参主要具有影响心血管系统、消化系统、中枢神经系统，抗炎，抗菌，抗病毒，抗肿瘤，免疫抑制，平喘，抗氧化，抗生育，抗纤维化，抗缺氧，保护肾脏等作用。现代医学常应用于治疗外阴瘙痒、慢性肝炎、肝纤维化、心律失常、白细胞减少症、湿疹、外痔等疾病。除此之外，苦参因对多种病原菌具有较强的生物活性，在农业上常用作杀虫剂。其与常见的化学合成农药混用表现出明显的增效作用，可大大降低化学农药的用量，从而减少化学合成农药对环境的污染。近年来，由于苦参用途广泛，其年需求量逐年递增，产品已由畅销转为紧俏商品。

（2）生态用

苦参为深根性植物，种植第2年春茎芽横生形成地下茎网络，向上形成地上株群。抗逆性强，且牲畜不食，越是低等级草牧场、荒漠、沙漠边缘，越是生长旺盛，是适合用于抗风固沙、保持水土、改良土壤、恢复植被、绿化荒漠的生态用草。用于生态用草的苦参开发以收获种子为主。

（3）其他用途

苦参的茎、根及皮含丰富纤维，根的皮含纤维 74.95%，可用于制麻袋、麻绳及造纸等。苦参的种子可榨润滑油及工业用油，含油量 14.76%。其地上鲜活枝叶可作绿肥使用。

5. 栽培技术

（1）选地整地

苦参是深根系植物，喜欢湿润、通风、透光的环择，因此要选择土层深厚、肥沃、排灌方便、向阳的沙壤土。深翻 20～30 厘米，翻地前每亩施腐熟农家肥 1.5～2.5 吨，深耕后整平。

（2）繁殖方式

主要用种子繁殖，亦可用分株繁殖。

种子直播：种子繁殖需先打破硬实，生产中多用碾米机搓破种皮，然后用 50 ℃温水浸泡 8～12 小时，捞出后与河沙相拌催芽。催芽播种在出苗前需注意保持土壤湿润，也可搓破种皮后直接播种。

播种方式有穴播和条播两种方法。播种期为 4 月下旬。在坡度大的沙地或沙丘沙蒿等灌丛中补播，采用穴播方法。穴播行距 50～60 厘米，株距 30～40 厘米，每穴点籽 4～5 粒，覆土轻压。条播多采用机械播种，播种量为 10～15 千克/亩，播深 3～4 厘米，轻覆土，行距同穴播。

育苗移栽：采用高畦育苗，畦高 25～30 厘米，畦宽 100～120 厘米，畦长根据地形而定。畦面上条播，行距 10～15 厘米，开沟播种，播种量为 15～20 千克/亩，播后覆土轻压，10 天左右见苗。苗出齐前要保持畦面湿润，缺水时及时浇水。苦参育成苗翌年春季可以移栽定植。用拖拉机开沟，将苦参苗倾斜 45°排放垄沟，覆土轻压。还可用植树机开缝移栽。每亩移栽 6 000～8 000 棵。

分株繁殖：可用根状茎或芦头进行分株繁殖。结合采挖苦参将根状茎一芽一截，截成 T 形，一株苦参可剪取多个横生茎芽，无茎芽的地下茎可截成 10~12 厘米茎段，剪下的茎段注意保持水分。将 T 形芽倒置，新芽向上放入 10 厘米深穴中，覆土 2~3 厘米，无芽茎段斜插地中。收获苦参时切下的芦头可分割切块用于繁殖。每个切块留 2~3 个壮芽、1~2 条须根，放入 10 厘米深穴中。行距、株距同穴播，覆土深度 2~3 厘米，覆土后及时浇水。

（3）田间管理

苗高 5 厘米时进行中耕除草，结合中耕除草去弱苗、留壮苗、补缺苗，每穴留 2~3 株。在施足基肥的基础上，每年可追肥 1~2 次，每次施厩肥 1 吨/亩。贫瘠的地块要适当增加施肥次数。天旱及施肥后及时灌溉。如以收获根为目的，可于初花期摘除花蕾，使养分集中供地下根生长，以此增加产量，提高品质。

6. 采收

苦参的根可在栽种 2~3 年后秋季茎叶枯萎后采挖。人工挖出全株或用专业机械收获后，根据根的自然生长情况分割成单根，去掉芦头、须根后直接晒干或烘干。

种子采收在 7—9 月，当苦参荚果变为深褐色时，采回晒干、脱粒、簸净杂质。

（八）珊瑚菜

1. 概述

珊瑚菜（*Glehnia littoralis*）为伞形科珊瑚菜属多年生草本植物，别名为北沙参、辽沙参、海沙参、莱阳参。其干燥块根即药材北沙参，《神农本草经》列北沙参为上品，陶弘景称其为"五参"之一，具养阴清肺、益胃生津之功效。北沙参不仅是著名的中药材，其根茎还常用于拌食、炒食、调味、做汤、磨粉，具有极高的保健作用。由于野生北沙参被大量采挖破坏，1992 年被列入《中国植物红皮书》，成为国家二级保护植物。北沙参主要分布于山东、辽宁、浙江、江苏、广东、福建、台湾等地，其中以山东莱阳产的北沙参最为著名。目前，河北安国、内蒙古赤峰牛家营子镇和山东莱阳为北沙参的 3 大产区，其中河北产量最大，内蒙古和山东次之，主要供出口。

2. 植物特征

全株被白色柔毛。根细长，圆柱形或纺锤形，长 20～70 厘米，直径 0.5～1.5 厘米，表面黄白色。茎露于地面部分较短，分枝，地下部分伸长。叶多数基生，厚质，有长柄，叶柄长 5～15 厘米；叶片轮廓呈圆卵形至长圆状卵形，三出式分裂至三出式二回羽状分裂，末回裂片倒卵形至卵圆形，长 1～6 厘米，宽 0.8～3.5 厘米，顶端圆形至尖锐，基部楔形至截形，边缘有缺刻状锯齿，齿边缘为白色软骨质；叶柄和叶脉上有细微硬毛；茎生叶与基生叶相似，叶柄基部逐渐膨大成鞘状，有时茎生叶退化成鞘状。复伞形花序顶生，密生浓密的长柔毛，直径 3～6 厘米，花序梗有时分枝，长2～6 厘米；伞辐 8～16 厘米；无总苞片；小总苞数片，线状披针形，边缘及背部密被柔毛；小伞形花序有花 15～20 朵，花白色；萼齿 5 个，卵状披针形，长 0.5～1.0 毫米，被柔毛；花瓣白色或带堇色；花柱基短圆锥形。果实近圆球形或倒广卵形，长 6～13 毫米，宽 6～10 毫米，密被长柔毛及茸毛，果棱有木栓质翅；分生果的横剖面半圆形。花果期 6—8 月。

3. 生长习性

产于我国辽宁、河北、山东、江苏、浙江、福建、台湾、广东等。生长于海边沙滩或栽培于肥沃疏松的沙质土壤。也分布于朝鲜、日本、俄罗斯。模式标本产于日本。

喜温暖湿润的气候。在肥沃的沙质壤土种植为佳，黏土地不易栽培。抗旱能力较弱，耐寒，耐盐碱，怕高温，忌积水。

4. 利用方式

北沙参为常用中药，《中华人民共和国药典》收载为伞形科植物珊瑚菜（*Glehnia littoralis* Fr. Schmidt ex Miq.）的干燥根，其味甘微苦，性微寒，归肺、胃经，有养阴清肺、益胃生津之功效，主要用于治疗肺热、燥咳、劳嗽痰血、热病津伤口渴。其代表性方剂有沙参麦冬汤，出自《温病条辨》，是清代名医吴鞠通为治疗温病后期燥伤肺胃阴分而创立。全方由沙参、麦冬、玉竹、花粉、扁豆、甘草、桑叶组成，堪称清养肺胃、生津润燥的代表方剂。经现代医学研究发现，北沙参有效成分有香豆素类、聚炔类、木脂素类、黄酮类、酚酸类、单萜类、芳香苷等，对治疗呼吸系统疾病、消化系统疾病、五官科疾病、肿瘤、免疫系统疾病、内分泌系统疾病、皮肤疾病均有疗效。

除药用外，民间一些地区还有用沙参根茎拌食、炒食、调味、做汤、磨粉的习惯。

5. 栽培技术

（1）选地与整地

选择土层深厚、土质疏松肥沃、灌溉便利、排水良好的沙质壤土地或细沙地。前茬作物以玉米、马铃薯等作物为宜，忌豆科作物。深翻 50 厘米以上，结合耕翻施入有机肥，翻地时拣净草根、石块，耙细整平，以免参根分叉。

（2）繁殖方式

主要以种子进行繁殖，可选择春播或秋播，春播在清明至谷雨间，秋播在土壤封冻前。春播播种量 3～4 千克/亩，秋播 4～5 千克/亩。秋季播种的北沙参产量和品质都优于春季播种的北沙参。

北沙参种子属于胚后熟型，春播需进行沙藏催芽处理。种子收获后上冻前，在半阴半阳处挖 30～40 厘米深的坑，将种子与沙以 1∶3 的比例混合均匀放入坑内，浇水，再铺一层沙，表面覆盖一层席片或柴草，其间保持沙子湿润。第 2 年清明至谷雨间，每天搅拌 1 次，有萌动现象时筛去沙土进行播种。

播种以条播为主，行距 25～30 厘米，播深 4～5 厘米，覆土厚度 2 厘米，覆土后顺沟镇压。春播如墒情不好，要及时浇水，注意干后及时划锄地面。秋播在封冻前灌冻水，第 2 年春天于出苗前轻耧地表，以打破板结层。

（3）田间管理

出真叶 3～5 片时，及时松土除草，配合间苗、定植，株距 3 厘米。早春轻度干旱有利于其根向下生长，此时不宜浇水过多。雨季应注意排涝，以防烂根。抽薹花蕾及时摘除，以保证根部的充分生长。

（4）种子田建立

在秋季收获时，选择植株健壮无病虫害、根粗无杈、株形一致的当年根作种株。株行距 20 厘米×30 厘米，开 20 厘米深的沟，将参根倾斜摆放于沟内，覆土 3～5 厘米，压实，干旱时浇水。翌年返青抽薹时，只留主茎上的果盘，以使养分集中、籽粒饱满。

6. 采收

于 10 月中旬挖取北沙参根，除去地上茎及须根，洗净泥土，趁鲜用沸水烫后去皮，晒干。研究发现去皮北沙参与不去皮北沙参相比，欧前胡素、香豆素类、聚炔类、木脂素类以及挥发油等成分的含量明显下降，所以建议采出根后，只用清水冲洗干净，保持药材外观干净、整洁，去掉沸水去皮环节。

种子的采收在每年 7 月，果实呈黄褐色时，随熟随采，以防脱落。晒干后去除杂质，置通风干燥处贮藏。

参考文献

安韶山, 黄懿梅, 2006. 黄土丘陵区柠条林改良土壤作用的研究 [J]. 林业科学 (1): 70-74.

敖古干牧其尔, 2017. 内蒙古阿鲁科尔沁草原游牧系统野生植物资源调查研究 [D]. 呼和浩特: 内蒙古师范大学.

敖特根, 施和平, 阿荣, 等, 2007. 内蒙古产麻叶荨麻嫩叶与嫩茎的营养成分研究 [J]. 食品研究与开发 (5): 143-146.

包金花, 玉兰, 何陈林, 等, 2020. 科尔沁沙地唇形科蒙药植物资源调查及其开发利用 [J]. 中国野生植物资源, 39 (7): 59-62.

卞云云, 管佳, 毕志明, 等, 2006. 蒙古黄芪的化学成分研究 [J]. 中国药学杂志 (16): 1217-1221.

曹玲, 于丹, 崔磊, 等, 2018. 艾叶的化学成分、药理作用及产品开发研究进展 [J]. 药物评价研究, 41 (5): 918-923.

曹乌吉斯古楞, 2007. 内蒙古野生蔬菜资源及其综合评价 [D]. 呼和浩特: 内蒙古师范大学.

陈成标, 赵晓红, 祁得胜, 等, 2020. 荨麻属植物的研究与开发进展 [J]. 青海草业, 29 (2): 23-27.

陈锋, 于翠翠, 2018. 野生食用植物资源的开发利用现状及前景分析 [J]. 现代食品 (19): 32-34.

陈慧, 郝慧荣, 熊君, 等, 2007. 地黄连作对根际微生物区系及土壤酶活性的影响 [J]. 应用生态学报 (12): 2755-2759.

陈慧玲, 林向阳, 罗登来, 等, 2017. 生物炭作为无土栽培基质的初步探究 [J]. 福州大学学报 (自然科学版), 45 (2): 280-284.

陈慧芝, 包海鹰, 诺敏, 等, 2010. 苦参的化学成分和药理作用及临床研究概况 [J]. 人参研究, 22 (3): 31-37.

陈献宇, 刘圣君, 金玉杰, 2021. 蒲公英多糖对急性肾损伤大鼠的保护作用研究 [J]. 中国临床药理学杂志, 37 (11): 1367-1370.

陈亚双，孙世伟，2014. 柴胡的化学成分及药理作用研究进展 [J]. 黑龙江医
　　药，27（3）：630-633.

崔凯峰，黄利亚，马宏宇，等，2020. 毛百合分类、育种、繁殖及生物学研究
　　进展 [J]. 北华大学学报（自然科学版），21（1）：17-22.

崔天民，格日乐，杨锐婷，等，2021. 内蒙古中西部3种典型乡土植物根系抗
　　折力学特性 [J]. 水土保持学报，35（2）：138-143，151.

丁怀伟，姚佳琪，宋少江，2008. 马齿苋的化学成分和药理活性研究进展[J].
　　沈阳药科大学学报（10）：831-838.

丁威，王玉冰，向官海，等，2020. 小叶锦鸡儿灌丛化对典型草原群落结构与
　　生态系统功能的影响 [J]. 植物生态学报，44（1）：33-43.

董源，王建中，1991. 中国东北林下野生植物资源开发利用及保护 [J]. 自然
　　资源（2）：41-45.

窦红霞，高玉兰，2009. 防风的化学成分和药理作用研究进展 [J]. 中医药信
　　息，26（2）：15-17.

窦秀静，房春洋，皇甫迎旭，等，2020. 百里香酚的功能及其在动物生产中的
　　应用 [J]. 动物营养学报，32（12）：5491-5499.

冯煦，王鸣，赵友谊，等，2002. 北柴胡茎叶总黄酮抗流感病毒的作用 [J].
　　植物资源与环境学报（4）：15-18.

富象乾，1982. 中国饲用植物研究史 [J]. 内蒙古农牧学院学报（1）：19-31.

高雪岩，王文全，魏胜利，等，2009. 甘草及其活性成分的药理活性研究进展
　　[J]. 中国中药杂志，34（21）：2695-2700.

高义霞，陶超楠，郑婷，等，2018. 乳苣不同溶剂提取物对α-淀粉酶的抑制
　　作用及光谱研究 [J]. 食品工业科技，39（7）：104-109.

高义霞，周向军，杨声，等，2012. 不同溶剂提取乳苣的抗氧化作用研究[J].
　　食品工业科技，33（1）：85-87.

高义霞，周向军，张继，2010. 乳苣总黄酮的提取及抗氧化作用研究 [J]. 资
　　源开发与市场，26（3）：206-207，209.

高卓维，陈广鸿，符路娣，2020. 芍药苷抑制Src/STAT3信号通路协同替莫
　　唑胺抑制胶质瘤细胞增殖和迁移 [J]. 实用医学杂志，36（23）：3199-3205.

郭鹏，朱慧森，韩兆胜，等，2021. 山西野生草地早熟禾居群农艺性状及营养
　　价值综合评价 [J]. 中国草地学报，43（5）：27-33.

郭巧生，赵荣梅，刘丽，等，2006. 桔梗种子发芽特性的研究 [J]. 中国中药
　　杂志（11）：879-881.

哈斯巴根，1996.《蒙古秘史》中的野生食用植物研究［J］. 干旱区资源与环境，10（1）：87－94.

哈斯巴根，2002. 内蒙古野生植物资源分类及开发途径的研究［J］. 内蒙古师范大学学报（自然科学版），31（3）：262－268.

哈斯巴根，苏亚拉图，2008. 内蒙古野生蔬菜资源及其民族植物学研究［M］. 北京：科学出版社.

韩建萍，张文生，孟繁蕴，等，2006. 内蒙古药用植物资源可持续开发及环境保护策略［J］. 中国农业资源与区划（2）：18－21.

胡长青，邓颖莲，樊磊虎，2007. 内蒙古野生葱属植物资源的开发利用与保护［J］. 中国野生植物资源（6）：30－31.

皇甫佳欣，沈德新，2020. 鸦葱属的医学研究进展［J］. 河南医学研究，29（18）：3454－3456.

黄士诚，张绍扬，2008. 芳香植物名录汇编（十八）［J］. 香料香精化妆品（6）：44－45.

黄印冉，李银华，张均营，等，2010. 野生珍稀花卉翠雀、角蒿的引种栽培与园林应用［J］. 北方园艺（19）：86－88.

冀红芹，孙亚波，孟令楠，等，2020. 日粮中添加小叶锦鸡儿对肉羊生长性能、营养物质表观消化率、屠宰性能和经济效益的影响［J］. 饲料研究，43（10）：13－17.

贾荣，2020. 内蒙古干旱区种子植物区系及植物资源特征研究［D］. 呼和浩特：内蒙古农业大学.

贾小叶，高晨，刘庆，等，2018. 蒙古扁桃药材总生物碱的含量测定［J］. 广州化工，46（19）：100－102.

金燊懿，毕凌，焦丽静，等，2019. 白头翁汤化学成分及药理作用研究进展［J］. 上海中医药杂志，53（3）：109－111.

匡云，2017. 野生植物资源开发利用现状与发展分析［J］. 绿色科技（23）：110－111.

邝肖，季婧，梁文学，等，2018. 北方寒区紫花苜蓿/无芒雀麦混播比例和刈割时期对青贮品质的影响［J］. 草业学报，27（12）：187－198.

蓝蓉，崔箭，覃筱燕，等，2006. 民族药野罂粟的化学及应用研究现状与发展前景［J］. 微量元素与健康研究（4）：51－53.

李冲冲，龚苏晓，许浚，等，2018. 车前子化学成分与药理作用研究进展及质量标志物预测分析［J］. 中草药，49（6）：1233－1246.

李更生，于震，王慧森，2004. 地黄化学成分与药理研究进展 [J]. 国外医学（中医中药分册），26（2）：74-78.

李红伟，孟祥乐，等，2015. 地黄化学成分及其药理作用研究进展 [J]. 药物评价研究，38（2）：218-228.

李路扬，张飞，万定荣，等，2021. 我国蒙药资源种类调查整理概况 [J]. 亚太传统医药，17（2）：7-10.

李爽，郭守金，何世珑，等，1990. 宁夏野生蔬菜资源调查报告 [J]. 宁夏农林科技（3）：19-23.

李婷，徐文珊，李西文，等，2013. 中药桔梗的现代药理研究进展 [J]. 中药药理与临床，29（2）：205-208.

李秀华，2003. 野生花卉二色补血草引种利用研究 [J]. 中国园林（10）：79-81.

李云祥，甄占萱，那淑芝，等，2005. 野罂粟种子形态、品质与萌发规律的研究 [J]. 种子，24（6）：4-6.

李珍，云岚，石子英，等，2019. 盐胁迫对新麦草种子萌发及幼苗期生理特性的影响 [J]. 草业学报，28（8）：119-129.

李志勇，师文贵，宁布，等，2004. 内蒙古灌木、半灌木饲用植物资源 [J]. 畜牧与饲料科学（4）：16-17.

李忠林，杨福荣，张敬馨，等，1996. 山刺玫的开发利用 [J]. 中国林副特产（1）：47-48.

梁慧敏，夏阳，杜峰，等，2001. 低温胁迫对草地早熟禾抗性生理生化指标的影响 [J]. 草地学报（4）：283-286.

梁伟龙，林钦贤，王斌，等，2020. 道地与非道地产区白芍药材质量的比较 [J]. 中国现代应用药学，37（24）：3000-3004.

林龙，2008. 论我国野生植物资源法律保护存在的不足与对策 [J]. 西北农林科技大学学报（社会科学版），8（1）：109-113.

刘保伟，史凌君，田伟，等，2020. 内蒙古锡林郭勒盟草原药用植物利用现状与蒙药产业发展建议 [J]. 农业工程技术，40（11）：16-17.

刘丹，师宁宁，吴叶红，等，2017. 冷蒿的化学成分研究 [J]. 中草药，48（24）：5090-5098.

刘林德，陈磊，张丽，等，2004. 华北蓝盆花的开花特性及传粉生态学研究 [J]. 生态学报（4）：718-723.

刘梅，刘雪英，程建峰，2003. 苦参碱的药理研究进展 [J]. 中国中药杂志（9）：11-14.

刘瑞国，王美珍，郭淑晶，等，2012. 内蒙古自治区草地资源的基况介绍[J]. 内蒙古草业，24（3）：2-6.

刘伟，李中燕，田艳，等，2013. 北沙参的化学成分及药理作用研究进展[J]. 国际药学研究杂志，40（3）：291-294.

刘晓红，鲍雪银，赵晴，等，2014. 不同消毒剂对野韭种子消毒效果及萌发的影响[J]. 种子，33（2）：23-25.

刘宇馨，2021. 白头翁寒温考辨[J]. 河南中医，41（8）：1155-1158.

刘云波，郭丽华，邱世翠，等，2002. 黄芩体外抑菌作用研究[J]. 时珍国医国药（10）：596.

刘钟龄，1960. 内蒙古草原区植被概貌[J]. 内蒙古大学学报（自然科学版）（2）：47-56.

柳骅，杨霞，2005. 千屈菜在富营养化水体中生长及磷去除效果试验初报[J]. 浙江林业科技（1）：43-46，53.

卢立娜，何金军，贺晓，等，2015. 施肥对华北驼绒藜种子耐贮性的影响[J]. 种子，34（3）：67-70.

卢立娜，贺晓，李青丰，等，2013. 华北驼绒藜繁育系统研究[J]. 西北植物学报，33（7）：1368-1372.

鲁富宽，王建光，2014. 紫花苜蓿和无芒雀麦混播草地适宜刈割高度研究[J]. 中国草地学报，36（1）：49-52，57.

罗彦平，2009. 中国野生植物利用产业发展分析及对策研究[D]. 北京：北京林业大学.

马希汉，尉芹，王冬梅，等，2000. 沙芥化学成分的初步研究[J]. 西北林学院学报（3）：46-50.

马晓丰，田晓明，陈英杰，等，2005. 蒙古黄芪中黄酮类成分的研究[J]. 中草药（9）：17-20.

马毓泉，1989. 内蒙古植物志[M]. 呼和浩特：内蒙古人民出版社.

能乃扎布，白文辉，1980. 柠条种籽大敌——柠条豆象[J]. 昆虫知识（5）：212-213.

牛西午，1998. 柠条生物学特性研究[J]. 华北农学报（4）：123-130.

牛西午，1999. 中国锦鸡儿属植物资源研究——分布及分种描述[J]. 西北植物学报（5）：108-134.

任常胜，乔俊缠，武雪琴，等，2001. 蒙药串铃草的生药学研究[J]. 中国民族医药杂志（4）：29.

任俞新，张德罡，2020. 观赏地被植物百里香快繁优化研究［J］. 甘肃农业科技（8）：39-43.

单宇，冯煦，董云发，等，2004. 柴胡属植物化学成分及药理研究新进展［J］. 中国野生植物资源（4）：5-7.

沈德新，2020. 鸦葱属的药用价值［J］. 中国医药导报，17（18）：41-44.

石俊英，张永清，李宝国，等，2002. 北沙参栽培品种与药材质量的相关性研究［J］. 中药材（11）：776-777.

宋兆伟，郝丽珍，黄振英，等，2010. 光照和温度对沙芥和斧翅沙芥植物种子萌发的影响［J］. 生态学报，30（10）：2562-2568.

孙英杰，李衍青，赵爱芬，等，2014. 科尔沁沙地沙漠化恢复过程中冷蒿种群的扩散对策研究［J］. 草业学报，23（1）：3-11.

谭丽霞，周求良，尹建国，等，2000. 马齿苋的营养成分分析及其开发利用［J］. 中国野生植物资源（2）：49-50.

陶航，扎依娜·玛合巴提，张烨，等，2021. 芍药黑斑病病原菌鉴定及其对杀菌剂敏感性分析［J］. 园艺学报，48（1）：173-182.

佟凤勤，娄治平，1995. 我国野生动植物资源利用的现状与保护［J］. 世界科技研究与发展（1）：34-39.

王兵，王亚新，赵红燕，等，2013. 甘草的主要成分及其药理作用的研究进展［J］. 吉林医药学院学报，34（3）：215-218.

王秉文，朱蓉，沈四清，等，1994. 二色补血草止血作用机理的研究［J］. 西安医科大学学报（中文版）（1）：59-61.

王传旗，刘文辉，张永超，等，2021a. 老芒麦成苗期间的耐旱性及其需水条件［J］. 干旱区资源与环境，35（8）：151-158.

王传旗，刘文辉，张永超，等，2021b. 野生老芒麦苗期耐旱性品种筛选及鉴定［J］. 草业科学，38（5）：903-917.

王锋鹏，1981. 乌头属和翠雀属植物中生物碱化学研究概况［J］. 药学学报（12）：943-959.

王国英，赵子龙，薛培凤，等，2015. 华北蓝盆花化学成分研究［J］. 中国中药杂志，40（5）：807-813.

王惠君，王文泉，卢诚，等，2015. 艾叶研究进展概述［J］. 江苏农业科学，43（8）：15-19，44.

王健，1990. 北沙参加工方法的考证［J］. 中药材（10）：28-30.

王隶书，王海生，高军，等，2010. 山刺玫不同药用部位中总黄酮的含量测定

［J］. 中国实验方剂学杂志，16（10）：56 - 58.

王利松，贾渝，张宪春，等，2015. 中国高等植物多样性［J］. 生物多样性，23（2）：217 - 224.

王冼章，赵家依，王颖颖，2015. 内蒙古主要药用植物资源及应用进展［J］. 内蒙古林业科技，41（2）：65 - 68.

王晓光，吴江鸿，刘亚红，等，2013. 华北驼绒藜替代不同比例粗饲料对苏尼特羊增重及经济效益的影响［J］. 中国畜牧兽医，40（7）：189 - 192.

王印川，2003. 紫穗槐及其经济利用价值［J］. 山西水土保持科技（1）：21 - 23.

王英伟，2017. 我国野生食用植物资源利用现状及问题［J］. 林业勘查设计（3）：67 - 70.

王永强，2018. 糙苏属三种野生植物引种驯化［D］. 邯郸：河北工程大学.

伟乐苏，2015. 内蒙古克什克腾旗野生饲用植物的民族植物学研究［D］. 呼和浩特：内蒙古师范大学.

魏友霞，王军宪，2006. 二色补血草地下部分化学成分研究［J］. 中药材（11）：1182 - 1184.

吴颖，王佳其，唐文，等，2021. 蒲公英黄酮对酪氨酸酶的抑制机理［J］. 食品工业，42（6）：283 - 287.

武海燕，李俊，2007. 蒙药蓝盆花的研究现状和研究方向［J］. 内蒙古石油化工（1）：5 - 6.

夏红旻，孙立立，孙敬勇，等，2009. 地榆化学成分及药理活性研究进展［J］. 食品与药品，11（7）：67 - 69.

向双云，周珍辉，李玉冰，等，2016.8 种中草药对大肠杆菌的体外抑菌试验［J］. 黑龙江畜牧兽医（10）：167 - 169.

肖红，王芳，徐长林，等，2015. 扁蓿豆种子发芽试验方法的研究［J］. 中国草地学报，37（1）：58 - 64.

肖田梅，陈玉花，程喆，2019. 刺蒺藜中黄酮提取工艺的研究［J］. 内蒙古民族大学学报（自然科学版），34（6）：517 - 520.

解新明，杨锡麟，余诞年，1988. 西伯利亚冰草 *Agropyron sibiricum* 和蒙古冰草 *A. mongolicum* 分类问题初探［J］. 内蒙古师大学报（自然科学版）（3）：20 - 22.

谢颖，2021. 苍术挥发油燥性效应量效关系及其对 IBS - D 大鼠药效与机制研究［D］. 武汉：湖北中医药大学.

辛文好，宋俊科，何国荣，等，2013. 黄芩素和黄芩苷的药理作用及机制研究进展［J］. 中国新药杂志，22（6）：647－653，659.

徐世健，安黎哲，冯虎元，等，2000. 两种沙生植物抗旱生理指标的比较研究［J］. 西北植物学报（2）：224－228.

徐志远，秦永，陈凤义，2020. 苍耳子鼻炎滴丸联合氯雷他定治疗过敏性鼻炎临床观察［J］. 中国药业，29（2）：70－72.

颜淑云，周志宇，邹丽娜，等，2011. 干旱胁迫对紫穗槐幼苗生理生化特性的影响［J］. 干旱区研究，28（1）：139－145.

杨鼎，祁云霞，王晓娟，等，2019. 驼绒藜和苜蓿对苏尼特羊增重及瘤胃细菌区系的影响［J］. 中国畜牧杂志，55（6）：87－91.

杨光荣，刘勇，陈新，等，1991. 蛋白质饲料的新星——救荒野豌豆——救荒野豌豆的开发利用报告之一［J］. 草与畜杂志（3）：34.

杨柳，王雪莹，刘畅，等，2012. 北柴胡化学成分与药理作用的研究进展［J］. 中医药信息，29（3）：143－144.

杨忠仁，2006. 沙葱种子生物学特性研究［D］. 呼和浩特：内蒙古农业大学.

伊风艳，王晓娟，邱晓，等，2016. 温度、NaCl 及 PEG 胁迫对沙生木地肤种子萌发和幼苗生长的影响［J］. 种子，35（11）：46－50.

于辉，李春香，宫凌涛，等，2006. 甘草的药理作用概述［J］. 现代生物医学进展（4）：77－79.

于玲媛，史凤英，吴景时，2005. 山刺玫果对心脏及保护心肌缺血作用的研究［J］. 中国林副特产（1）：16－17.

于盼盼，杨忠杰，郭丽娜，等，2020. 基于网络药理学苍耳子的物质基础和作用机制的分析［J］. 安徽医药，24（2）：234－237，425.

于荣敏，王春盛，宋丽艳，2004. 罂粟科植物的化学成分及药理作用研究进展［J］. 上海中医药杂志（7）：59－61.

原畅，王双蕾，陈嘉言，等，2017. 干旱胁迫对多根葱种子萌发和幼苗生长的影响［J］. 安徽农业科学，45（24）：23－25.

袁振海，孙立立，2007. 地榆现代研究进展［J］. 中国中医药信息杂志（3）：90－92.

岳锐平，张慧东，2015. 我国野生植物资源高效利用前景及存在问题［J］. 辽宁林业科技（6）：44－46.

岳霞，李嘉伟，吴宏宇，等，2020. 内蒙古乌拉特高原荒漠原生树种蒙古扁桃容器育苗试验研究［J］. 内蒙古林业调查设计，43（2）：33－36.

查正霞，刘艳丽，许琼明，2020. 白头翁中三萜皂苷类成分的药理研究进

展 [J]. 中药新药与临床药理，31 (1)：120 - 124.

展春芳，伊凤艳，孙海莲，等，2019. 不同刈割时间对农科1号木地肤产量和品质的影响研究 [J]. 畜牧与饲料科学，40 (8)：42 - 46.

张德志，赵英，孙治国，1994. 长白山野生植物资源开发利用的思考 [J]. 吉林林学院学报 (1)：66 - 70.

张方，于海滨，张显国，等，1994. 毛百合繁殖生物学研究（Ⅲ）——毛百合种子萌发特性 [J]. 东北林业大学学报 (2)：46 - 51.

张凤兰，杨忠仁，郝丽珍，等，2009.5种野生蔬菜叶片营养成分分析 [J]. 华北农学报，24 (2)：164 - 169.

张荟荟，艾尔肯·达吾提，梁维维，等，2020. 新麦草种子产量及其构成因素与播量的关系 [J]. 草食家畜 (5)：28 - 33.

张建文，徐长林，鱼小军，等，2014. 九份扁蓿豆种子萌发期耐盐性研究[J]. 中国草地学报，36 (5)：83 - 88.

张兰涛，郭宝林，朱顺昌，等，2006. 黄芪种质资源调查报告 [J]. 中药材 (8)：771 - 773.

张利，2014. 甘草的药理作用及现代研究进展 [J]. 中医临床研究，6 (10)：147 - 148.

张卫明，1998. 我国野生植物资源开发利用现状与发展 [J]. 中国商办工业 (10)：37 - 39.

张晓庆，姜超，渠晖，等，2020. 麻叶荨麻全混合颗粒饲料对生长育肥羊生产性能与肉品质的影响 [J]. 中国草地学报，42 (6)：101 - 107.

张小秋，2017. 蒙古扁桃种仁油脂特性及其品质的研究 [D]. 呼和浩特：内蒙古师范大学.

张敉方，张显国，于海滨，等，1992. 毛百合繁殖生物学研究——Ⅰ毛百合的自然生长与繁殖 [J]. 植物研究 (3)：301 - 307.

张亚洲，徐风，梁静，等，2012. 蒙古黄芪中异黄酮类化学成分研究 [J]. 中国中药杂志，37 (21)：3243 - 3248.

赵宏胜，冯霜，赵杏花，等，2021. 乌拉特荒漠草原白刺属和锦鸡儿属植物群落生物量分析 [J]. 西部林业科学，50 (2)：62 - 70.

赵晖，2009. 内蒙古野生食用植物资源信息检索数据库的建立与应用 [D]. 呼和浩特：内蒙古师范大学.

赵利清，彭向永，孙振元，2017.PEG胁迫对西伯利亚冰草种子萌发及幼苗生理特性的影响 [J]. 种子，36 (6)：26 - 29，34.

赵一之，1987. 呼伦贝尔草原区的植物资源及其开发利用保护意见 [J]. 干旱区资源与环境（2）：107-114.

赵一之，赵利清，曹睿，2020. 内蒙古植物志：1-5卷 [M]. 3版. 呼和浩特：内蒙古人民出版社.

郑亚平，陈恒晋，沈岚，等，2021. 威灵仙的毒副作用研究 [J]. 上海中医药大学学报，35（4）：1-11.

郑勇凤，王佳婧，傅超美，等，2016. 黄芩的化学成分与药理作用研究进展 [J]. 中成药，38（1）：141-147.

中国科学院内蒙古宁夏综合考察队编，1985. 内蒙古植被 [M]. 北京：科学出版社.

中国畜牧兽医学会兽医药理毒理学分会，2019. 中国畜牧兽医学会兽医药理毒理学分会第十五次学术讨论会论文集 [C]. 兰州：中国农业科学院兰州畜牧与兽药研究所.

中国植物学会药用植物及植物药专业委员会，2009. 第八届全国药用植物及植物药学术研讨会论文集 [C]. 呼和浩特：内蒙古大学生命科学院.

周向军，高义霞，李娟娟，等，2011. 乳苣多酚提取工艺及抗氧化研究 [J]. 中国酿造（9）：118-121.

周勇辉，刘玉萍，李兆孟，等，2016. 青藏高原东北部3种野豌豆种子萌发特性的研究 [J]. 西南农业学报，29（5）：1193-1196.

Letchamo W, Korolyuk E A, Tkachev A V, 2005. Chemical screening of essential oil bearing flora of siberia IV. Composition of the essential oil of *Nepeta sibirica* L. tops from Altai Region [J]. Journal of Essential Oil Research, 17（5）：487-489.

Min T T, Sun X L, Yuan Z P, et al., 2020. Novel antimicrobial packaging film based on porous poly (lactic acid) nanofiber and polymeric coating for humidity-controlled release of thyme essential oil [J]. Elsevier, 135：110034.

Na-Bangchang K, Kulma I, Plengsuriyakarn T, et al., 2021. Phase I clinical trial to evaluate the safety and pharmacokinetics of capsule formulation of the standardized extract of *Atractylodes lancea* [J]. Journal of traditional and complementary medicine, 11（4）：343-355.

Sharma S, Barkauskaite S, Duffy B, et al., 2020. Characterization and antimicrobial activity of biodegradable active packaging enriched with clove and thyme essential oil for food packaging application [J]. Foods, 9（8）：1117.